創見文化，智慧的銳眼
www.book4u.com.tw www.silkbook.com

敢革命，再創業

現在已是一個**「不變革，就等死」**的時代，
也是一個**「不革命，就被革命」**的時代。

政策就是趨勢，
趨勢就是商機。

實踐家商業培訓學院創辦人 林偉賢 / 著

革命光榮，改變有理

這是一個不革命，就沒命的年代！

隨身聽，是我年輕時掛在腰際最炫的配備，現在呢？摩托羅拉，是我的第一支手機，是那個年代唯一的選擇，現在呢？諾基亞，曾經是每一個用過手機的人的最愛，現在呢？

不僅產品如此，行業的挑戰更是嚴酷；最直接的衝擊是，業務員將會消失，所有的仲介都要失業！高檔車瑪莎拉蒂，在阿里巴巴的天貓平台上，僅僅18秒的時間就銷售了100輛，創造出1億人民幣的業績！Uber取代了出租車，Airbnb取代了房屋仲介，攜程網取代了旅行社，網路行銷取代了保險代理員，微信分銷取代了一般直銷，眾籌取代了銀行借貸；您不需要懷疑，去中間化的直接經濟時代真的已經來了！

對趨勢的觀察，一直是我的強項，過去，18個月才迭代的摩爾定律，已經被蘋果系列的3到6個月推陳出新所打破；而蘋果則經常被隨時出新品沒有規律的小米所破壞；速度，成了創造趨勢的最強工具！誰快，誰就主導趨勢，網紅的現象正是最有力的證據！不革命，就等死！無一例外！

為了協助企業家、創業家到創業者快速因應這個時代的變化，實踐家教育集團特別重磅推出了總裁商業革命的課程，用完整三天二夜的時間，帶領大家從商業趨勢的革命、商業思維的革命、管理模式的革命、商業模式的革命、資本模式的革命以及融資模式的革命等六大模塊學習，徹底地改變您對事業經營的優先次序與看法！總裁商業革命系列課程在上海、北京、深圳、台北、新加坡及吉隆坡輪流舉辦，立刻加入我們，您的企業必定會有革命性的進展！加油！

這個時代還有一個更大的特色，就是人人都是自媒體！每個人在不同的社交媒體上，都可以擁有自己的平台！可以在平台上建立自己的直播電視、拍攝自己的微電影、錄製自己的廣播節目、編印自己的報紙和雜誌、隨時隨地更新自己的動態！這讓每個人都成了強勢的資訊傳播者，也都有了話語權！好好使用新媒體的技術，您我的平台都能倍增、倍增、再倍增既有的價值，輕鬆成為贏家！

趨勢就是商機，英雄選擇戰場；東盟擁有約 6.3 億人口，預估 2015 年至 2020 年，東盟國家中產階級年成長率為 7.2%，高收入族群年增率也達 10%，且到了 2030 年，東盟人口中將有超過一半是 30 歲以下，他們正是新興的中產階級、高消費的代表，龐大的內需市場，消費潛力不容小覷，自然也吸引各國企業前仆後繼地進駐忙著卡位。

以電子商務市場來看，東盟將是世界電子商務成長最快的區域之一，更是電商新藍海。東盟被預估 2020 年中產消費人口可達 4 億人，網路人口將近 2 億人，再加上電子商務在東盟只占零售總額不到 1%，遠低於台灣的 11.4%，還在起步階段，未來發展可期，也因此讓國內電商業者摩拳擦掌、躍躍欲試。

這是一個最好與最壞的時代，感恩您選擇本書，加入我們商業革命的行列；請您立刻打開 Facebook，搜索：林偉賢創業私塾，並立即按讚加入粉絲團，我們將透過密集的直播，隨時為您更新商業革命的最新情報，確保您在商場上不斷創新、一路領先！感恩！加油！

林偉賢

目錄

CONTENTS

Chapter 2

模塊二、商業思維的革命

Chapter 3

模塊三、管理模式的革命

Chapter 4

模塊四、商業模式的革命

Chapter 5

模塊五、資本模式的革命

Chapter 6

模塊六、投資方式的革命

ENTREPRENEURSHIP

REVOLUTION

以前的人靠山吃山，靠海吃海，

然而在現代無論你的出身背景如何、所在環境如何，

如果你擁有足夠優秀的想法、足夠新穎的點子，

這一個好想法、好點子就有可能被實現，

因為現代的周邊資源、配備、創業環境都可以幫助你獲得機會。

[總論]

革命時代已經來臨

ENTREPRENEURSHIP

REVOLUTION

- 六大產業革命的變革
- 產業都在革命與創造新的經濟型態
- 過去成功靠機會，未來成功靠智慧
- 企業家應擁有的三大核心模式

六大產業革命的變革

第一次產業革命（又稱為工業革命）始於18世紀中期，珍妮紡紗機的發明敲開了人類近代第一次產業革命的大門。機械化的棉紡織業迅速地興起，取代了原有的手工棉紡織業。在這段時間裡，人們的生產逐漸轉向新的製造過程，出現了以機器取代人力、獸力的趨勢，以大規模的工廠生產取代了個體工場手工生產的革命。以前的衣服採用手工製作，但是在機器出現之後就改變了，在那個年代裡做衣服的人、做紡織的人，就成為當時最賺錢的人。

第二次產業革命始於19世紀初，蒸汽機的轟鳴聲響徹了歐洲與北美大陸，也奏響了第二次產業革命的宏偉樂章。鐵路與蒸汽機的發展與普及，不僅提高了產業效能，同時也促成了鐵礦業與煤礦業成為當時的熱門產業。在瓦特改良蒸汽機之前，整個生產所需動力都須依靠人力、畜力、水力或風力，伴隨著蒸汽機的發明和改進，工廠不再依河流而建，許多以前依賴人力與手工完成的工作，自蒸汽機發明之後被機械化生產所取代。

第三次產業革命始於19世紀中、後期，「電」出現了，當電流首次在人類面前散發出璀璨的科技之光時，世界迎來了第三次的產業革命。使鋼鐵、電力等重工業得以迅速發展，並成了當時的支柱型產業。

第四次產業革命始於20世紀初，「石油」與「內燃機」出現了，石油與內燃機的巨大能量推動了第四次產業革命的到來。汽車、航太、家用電器等產業成為了大企業，迎來了屬於他們的春天。

第五次產業革命始於20世紀中期，電腦與互聯網的誕生掀開了第五次產業革命的新篇章，隨之而來的是世界經濟的聯繫變得更為緊密，也加強了區域化與全球化的趨勢，微軟、蘋果、IBM、英特爾等新興技術企業更成為了大公司的代表、世人眼中的新貴。

不同的時代都有屬於其不同的產業標記，各種產業革命影響與涉及人類社會生活的各個方面，使社會發生了巨大的變革，對人類推動現代化的進程，發揮了不可替代的作用。從18世紀中期到20世紀中期五大產業革命的過程，如下圖所示：

歷史上五次產業革命對應的新產業

技術革命	開始時間	國家	主導產業	新產業或得到更新的產業	新的基礎設施或得到更新的基礎設施
I	1771年	英國	棉紡織業	機械化的棉紡織業 熟鐵 機器	運河和水道 收費公路 水利
II	1829年	英國，擴散至歐洲大陸和美國	蒸汽機和鐵路	蒸汽機 鐵礦業和煤礦業 鐵路建設 鐵路車輛生產	鐵路 普遍的郵政服務 電報（主要在一國鐵路沿線傳輸） 大型港口、倉庫和航行世界的輪船、城市 煤氣
III	1875年	美國和德國	鋼鐵、電力、重工業	廉價鋼鐵 重化工業和民用工程 電力設備工業 鋼和電纜 罐裝和瓶裝食品 紙業和包裝	高速蒸氣輪船在世界範圍內的航運 世界範圍的鐵路 大型橋樑和隧道 世界範圍的電報 一國範圍的電話 電力網絡
IV	1908年	美國，擴散至歐洲	石油、汽車	批量生產的汽車 廉價石油、石化產品 內燃機 家用電器 冷藏和冰凍食品	公路、高速公路、港口和機場的交通網絡 石油管道網絡 普遍的電力供應 世界範圍的有線或無線模擬遠程通訊
V	1971年	美國，擴散至歐洲和亞洲	信息和遠程通訊	信息革命 廉價微電子產品 計算機、軟體 遠程通訊 控制工具 生物技術和新材料	世界數字遠程通訊（電纜、光纖、無線電和衛星） 互聯網／電子郵件和E化服務 多種能源、靈活用途、電力網絡 高速物流運輸系統

五次產業革命對應的新產業

如今已進入了21世紀，第六次產業革命也已悄然到來。「工業製造4.0」來了（註：Industry 4.0，為德國政府所提出的一個高科技計劃，用來提升製造業的電腦化、數位化和智慧化。並非創造新的工業技術，而是將所有工業相關的技術、銷售與產品體驗統合起來，建立具有適應性、資源效率和人因工程學的智慧工廠，並在商業流程及價值流程中整合客戶以及商業夥伴），數據時代來了，在這個互聯互通的「大數據」時代（註：Big data或 Megadata，指的是所涉及的資料量規模龐大到無法透過人工或計算機，在合理時間內達到擷取、管理、處理、並整理成為人類所能解讀的形式的資訊。可得出許多額外的資訊和資料關聯性，可用來察覺商業趨勢、判定研究品質、避免疾病擴散、打擊犯罪或者測定即時交通路況等），企業家、創業家是否來得及跟上這一波趨勢？無論是誰，只要跟隨上了，就可能成為這個時代的霸主。

舉例來說，Uber（優步）突然成為了世界知名的大公司，然而公司旗下卻沒有一部車是屬於Uber的，沒有一個司機是屬於Uber雇用的，Uber透過創造一個平臺，透過數據的分析與互聯互通的運用，讓每一個乘客都可以利用手機知道距離自己最近的車子在哪裡，乘客只要透過手機下載Apps，就能預約雙B等級的轎車，接送他到任何想去的地方。同時，透過信用卡機制，省去了「付費」這件事，當到達目的地之後，乘客直接下車即可，不須打開錢包付帳，因為系統會發送收據到乘客所註冊的電子信箱，明細上會列出行車路線、花費時間與應付車資，車資會直接從信用卡中扣款。

大數據的應用使得過去的工作型態完全轉變，每個人只要能找到一個好的工具平臺，就能創造出絕大的價值。例如，有許多人有查詢旅遊資訊的需求，而有另一群人則可以提供龐大的旅遊資訊，將兩者結合，就成為中國大陸最大的「攜程旅行網」，「攜程旅行網」是一家總部設立在上海的大型旅遊網站，2003年12月，該公司在美國納斯達克（NASDAQ）上市，目前攜程網占中國線上旅遊市場份額的一半以上。

攜程網本身沒有自己的旅行社、自己的飯店、自己的飛機，但卻能利用足夠龐大的客戶數據來達成交易，因為有足夠多的旅客想訂機位、訂酒店；有足夠多的航空公司、酒店需要將自己的機位、房間銷售出去，因此在攜程網打造出一個平臺之後，其只要處理數據的串聯，就能創造出絕大的價值。

在這個嶄新的時代裡創業，幾乎不像過去那樣需要龐大的資本和許多重資產，現代的創業都屬於輕資產，而創業的革命也已經開始。

例如，在過去的日本，如果你的家人在豐田汽車公司工作，那麼你們全家人如果能一輩子、甚至世世代代都在豐田汽車工作，就會覺得心滿意足了，因為當時人們的思維是「我只要有一份穩定的工作就好了。」但是現在已經不同了，大企業已經不一定能夠保障誰的一輩子，因為大企業自身都可能瀕臨崩潰，如果企業再不變革，就可能被毀滅。

於是，各式各樣的創業者如雨後春筍般地紛紛冒出頭來，他們勇敢革自己的命，他們不希望自己一輩子就是一個打工的人，於是，他們開始踏上創業的路途。

現在這個時代已經比過去方便了許多，因為大數據的分析、無數資源的應用，使人們可以更快速地達到所要目的。以前的人如果要創業很辛苦，他們必須到處去籌錢，現在則已經不需要，因為，現在的創業者可以「眾籌」，他們可以透過眾籌的方式，讓自己的資金迅速到位。

趨勢轉變地如此快速，人們創業和經營企業的方式與內容當然也同樣不斷地在改變，讓人不得不相信這個革命時代已經來臨了。

產業都在革命與創造新的經濟型態

如今，面臨著各種行業產能過剩的挑戰，新的經濟形態已呼之欲出：

第一產業（指的是一切從事原材料開採的行業，例如：採礦業、農業、漁業等等）的改變為，由「傳統生產型」向「產供銷一體化」的綠色生態型轉變。

第二產業（指的是進行加工的行業，例如：工業、建築業、印刷行業等等。）的改變為，由「工業4.0」正引導著更多「智」造（智慧造）的主流。

第三產業（指一切提供服務的行業，例如：法律專業、醫療專業、批發業、教育等等。）的改變為，朝著「多層次個性化需求滿足」及「品牌連鎖化」的方向進化。

隨著新經濟型態的開始，傳統產業已經在改變。當每一個產業都在革命、都在創造一種新的經濟型態、都在向上提升的過程當中，中國國家主席習近平於2016年世界互聯網大會的開幕式上也表示：「縱觀世界文明發展史，人類先後經歷了農業革命、工業革命、資訊革命。每一次的產業技術革命，都給人類生產和生活帶來巨大而深刻的影響。」

很明顯地，中國大陸這些年的改變相當迅速，這是因為他們也勇敢地「革命」。連中國領導人都表示自己有「微信」（We Chat）的帳號，因為他知道這個時代的溝通方式已經改變；連中國中央電視台的電視節目上都放了「二維碼」（QRCODE），讓觀眾能掃描二維碼來連結網站。

這裡想表達的意義在於，傳統的電視、媒體產業如果不能與線上的媒體、互聯網做連接，那麼根本沒有觀眾，因為現在很多的年輕人已經不打開電視看節目了，但是他們卻會從手機上觀看電視上有的節目內容，像是他們不開電視看「春晚」（春節聯歡晚會），但卻會從手機、電腦裡觀看「春晚」的轉播。

所有的事物都在改變當中，連多數人認為最不容易改變的中國大陸，事實上他們也順應時代做出了許多變革，這便是「世界趨勢」，人們只能趕緊跟上，無法去改變。

過去成功靠機會，未來成功靠智慧

以前的人可以靠山吃山，靠海吃海，但是現在已不是那樣的時代了。無論你的出身背景如何、所在的環境如何，如果你擁有一個足夠優秀的想法、一個足夠新穎的點子，那麼這一個好想法、好點子就很有可能可以被實現，因為現代的周邊資源、配備、創業環境都可以幫助你獲得你想要的機會。因為我們已經走到了一個嶄新的時代，與過去截然不同了：當所有人都明白自己的一個新想法、新點子可能足以改變世界的時候、當所有人發現自己每天去上班的公司不能被仰賴一輩子之後、當這麼多人都毅然決然地跳出來創業的時候，現今整個外在環境所能給予創業者的支持，也是一般人非常難以想像的。

為什麼這麼說呢？一起看看中國大陸如何挑戰三大新體制：

一、中國大學生的創業成績可折抵學校學分

根據中國大陸2015年12月所出臺的最新規定：如果一個大學生因為忙於創業而沒有太多的時間去學校上課、修學分，那麼他便可以將創業的成績用來申請折抵學校的部分學分。

這是教育體制的一種革命，過去的學校教育只管學生念了多少書、考了多少試、考試的成績好不好？只有考試的成績通過學校的標準，才能拿到規定能獲得的學分。然而現在的中國大陸是：學生讀書的目的在於最後能夠創業成功，能在社會上發揮自身更大的價值，這就是一種教育體制的

革命。

二、中國成都市政府出臺創新創業政策

中國成都市政府於2016年年初出臺了十條創新創業政策，其正式印發了《關於加快推進創新創業載體建設若干政策措施的意見》措施，自印發之日起30日後生效，也就是2016年1月8日，有效期3年，經費補助最高1千萬元（人民幣）。

發展目標為2020年之前，全市創新創業載體總量達4百家，孵化場地面積總量達2千萬平方米，天使投資資金總額超過2百億元（人民幣），創業導師和孵化器專業管理人才超過2千人，在孵企業和團隊超過3萬家。

也就是說，成都市政府為了給創業者帶來更好的環境，於2020年前，整個成都市要能夠出現4百個創業基地，提供2千萬平方米（約6百萬坪）的創業基地孵化器（育成中心）面積，同時成都市要提供2百億人民幣的資金來協助創業者，以及超過2千個創業導師來協助成都的創業者，於2020年之前扶植3萬個以上的成功的新創企業。

然而成都市不過是中國大陸的其中一個省會，中國大陸有地級市與縣級市，加起來超過3千個城市，而成都只是3千個城市之一，卻能夠預計創造出這麼大的價值。明顯可見中國大陸給予相當好的創業環境，基本形成了創業主體大眾化、孵化主體多元化、建設運營市場化、創業模式多樣化的創新創業載體發展新格局，可以看出創業的大趨勢早已到來。

三、中國上海市制定天使投資風險補償辦法

中國上海市為加快上海市具有全球影響力的科技創新中心建設，促進「大眾創業，萬眾創新」，引導社會資本加大對種子期、初創期科技型企

業投入力度，會同上海市財政局、上海市發展改革委制定了《上海市天使投資風險補償管理暫行辦法》，此辦法自2016年2月1日起開始施行，有效期2年。

舉例來說，如果有人創業，而有一個「天使投資」去投資像這樣的種子型新創企業，萬一這個創業者失敗了，「天使投資」的錢賠了，上海市政府便會補助他（也就是補助投資人）60%。

這是令人難以想像的，一般來說，投資人如果失敗了，就是「認賠」，但是現在如果投資人不小心投資到錯誤的標的，上海市政府卻會補助他60%。

「革命需要子彈」，然而現在我們週邊的子彈資源是非常完善的，讓人們能創造出足夠大的價值。每一個企業都應該明白現在的環境與過去已經不同，已經比過去更完善了，人們擁有了更多的武器與資源，如果還不能好好把握，那麼就是白白糟蹋這個時代給你我的機遇了。

企業家應擁有的三大核心模式

當革命時代已經來臨，現代的企業家應該擁有哪三大核心模式來應對呢？

實踐家的整套「總裁商業革命」課程的主軸，便是圍繞在下圖中的三大模式進行，同時三大模式也同樣是一個創業家最重要的核心，本書後面的篇章將圍繞此三大核心做較詳盡的說明。

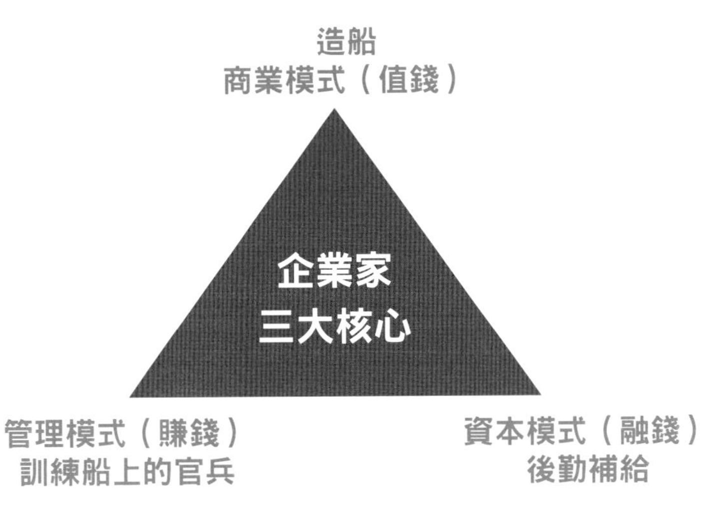

企業家應具備的三大核心

一、商業模式

「商業模式」指的是如何打造平台並制定規則，使企業更值錢。

二、管理模式

「管理模式」指的是如何透過更良好的管理機制及效率提升，讓企業更賺錢。

三、資本模式

「資本模式」指的是如何透過有效的資本運作，讓企業在發展過程中融資更多的金錢。

本書將圍繞「管理模式」、「商業模式」與「資本模式」三方面，探究企業革新的核心力量，解讀新時代企業優化運作的六大模組內容，以找準企業發展方向，有效提升企業利潤。

我們需要做的是先看準趨勢，改變思維，做好管理，接著建立起商業模式，進而找到金錢，進行投資，等到創造出自己的金錢之後，就能有更多的金錢可以投資別人。也就是說：當趨勢看懂了，思維改變了，管理、商業模式處理好了，等賺到錢之後，就可以有更多的錢可以投資別人。

過去的人是一輩子做好一個工作、只做好自己的事，如果不順利、失敗了，就沒有其他的後路。而本書為什麼談投資？因為在這個時代，每個人都應該既是一個「企業家」，也是一個「投資者」，自己做好自己的本業是「企業」，但是懂得投資別人、創造價值，運用自己在自己的本業裡所賺到的錢創造出來的價值，也能夠幫助其他在創業過程中需要幫助的人，這種投資別人的方式是最有價值的方法，也是創造財富最快的方法之一。

NOTE

臉書粉絲團
林偉賢老師

政策就是趨勢，趨勢就是商機。

趨勢即是大勢所趨，若能順著趨勢走，省時、省事、省力；

逆著趨勢走，使你費時、費事、費力，且阻礙重重。

因此，學會看準趨勢的重要性便不言而喻。

我們順著趨勢走，甚至可以成為創造趨勢的那個人。

Chapter 1

[模塊一]

商業趨勢的革命

ENTREPRENEURSHIP
REVOLUTION

- 觀察趨勢的五種方法
- 中國的五大經濟任務
- 中國網絡空間發展的三大戰略
- 商業的下一個風口在哪裡？
- 沒有永遠成功的企業，只有時代的企業
- 未來中國的十大創富產業

觀察趨勢的五種方法

「政策就是趨勢，趨勢就是商機。」

趨勢即是大勢所趨，若你能順著趨勢走，能省時、省事、省力；逆著趨勢走，將使你費時、費事、費力，且困難重重。因此，學會看準趨勢的重要性不言而喻。

我們當然應該選擇順著趨勢走，甚至誰都可以成為創造趨勢的那個人。而趨勢究竟該如何判斷、如何觀察？以下說明觀察趨勢的五種方法：

方法一、漣漪效應

當一顆石頭掉進了水裡，水面上會產生許多漣漪。這指的是一件事物所造成的影響逐漸擴散的情形類似於物體掉到水面上，其所產生的漣漪逐漸擴大的樣子，意指「越是表面上看來與你無關的事，越有可能在日後帶給你極大的影響」。因此，須注意任何一個小事件，都可能產生一個大變動；任何一個小起點，都可能帶來無窮的發展；任何新技術的出現，都可能掀起整個產業的革命。

你必須嘗試去思考，今天這顆石頭掉進了水裡，將可能產生哪些漣漪？同時如果將這些漣漪放大一百倍，那麼這件事情可能會帶給你多大的傷害？也可能帶給你什麼樣的好處？當每一個新觀念或新思維出現之後，都會在其他地方產生相應的影響，從不要輕忽一個小事件的後續發展。

舉例來說，臺灣過去曾因一個私煙取締的事件，演變成為大規模衝突的二二八事件，如今二二八事件已是臺灣現代史代表性的政治事件之一；智慧型手機的出現，導致出現了一個可供下載應用程式Apps的平臺，而此下載平臺就改變了許多企業的運作方式。新技術的推展一定會帶來產業的革命，又如，現在已經很少人在購買掌上型遊戲機，因為使用手機就可以玩遊戲了。

因此，不要小看任何一個新事物的出現，記得要留意身邊的每一個小事件，表面上看來是相當小的影響，但是將其放大五倍、十倍、一百倍，它所帶來的效果卻可能和一顆石頭丟到水裡，結果卻掀起了千波浪一樣地驚人，如此思維，更容易讓你掌握到企業的商機。

方法二、蝴蝶效應

「蝴蝶效應」（Butterfly Effect）是指在一個動力系統中，初始條件下微小的變化能引起整個系統長期而巨大的連鎖反應。此效應說明事物發展的結果是對初始條件具有極為敏感依賴性的，初始條件的極小偏差，將會引起結果的極大差異。

舉例來說，在南美洲亞馬遜河流域的熱帶雨林裡，一隻蝴蝶漫不經心地揮動了幾下翅膀，在兩周之後，卻可能引起美國德克薩斯州（State of Texas）一場災難性的風暴。其原因在於蝴蝶翅膀的揮動，導致其身邊的空氣系統發生變化，引起微弱氣流的產生，而微弱氣流的產生又會引起其四周空氣或其他系統產生相應的變化，由此引起連鎖反應，最終導致其他系統的極大變化。科學家將這種現象稱為「蝴蝶效應」，意指一件表面上看來毫無關係、非常微小的事情，將可能帶來巨大的改變。

我們必須注意到某些正在發生的事件，特別現在已經是一個同步化的時代，我們要能做到「先同步，再進步」。過去是一個傳承的時代，像是以前的名牌衣服上都寫著「MADE IN NEWYORK」、「MADE IN

ITALY」或「MADE IN TOKYO」，現在可能是「MADE IN CHINA」或「MADE IN THAILAND」。或者是以前，一部新電影出來之後，可能先在美國首映，之後在日本首映，接著在臺灣首映，最後才在中國大陸首映，但是到了現代，因為網路世界的傳播太快了，幾乎沒有辦法等上一個月、兩個月才輪流在不同國家首映，因為同步化的時代已經來臨，縮短了時間的可能。

許多事情都並不只是表面上所看到的結果而已，「漣漪效應」是一顆小石頭可能帶來很大的影響，「蝴蝶效應」則是指同步化時代的諸多影響。

又如，原本最有名的女性國際領導人是德國總理梅克爾（Angela Merkel），接著是緬甸的民主鬥士翁山蘇姬（Aung San Suu Kyi），以及臺灣的女總統蔡英文，美國的前國務卿希拉蕊（Hillary Clinton），這個現象幾乎都是同步在發生當中，你會發現，原來「女性參政」也是一種「蝴蝶效應」，正一個又一個地在不同地方發生。

又像是，人們溝通的工具也改變了，當美國出現FACEBOOK的時候，中國有博客、微信、微博。當你看到一個地方正在發生某件事情，就得要能聯想到其他地方也可能正同步產生相應的影響。

方法三、鐘擺效應

以前的老房子經常吊掛著一種下方附有有鐘擺的大時鐘，當鐘擺擺動到左邊時，累積了能量，使鐘擺能再擺動到右邊，等鐘擺擺動到右邊時，又累積了能量，於是使鐘擺能再度擺動到左邊。「鐘擺效應」意指「流行的另外一端，就是下一個趨勢的開端」。

舉例來說，過去人們居住在四合院裡，現代人則居住在高樓大廈，但是許多現代人懷念起人與人之間的情誼與純樸的美好，都想回去住四合院、住民宿了。又如，過去是貧窮人買不起肉，只能吃素，但是現在是有錢人吃素，因為現在的有錢人更注意健康與養生之道了。就像以前是貧窮人才會吃蕃薯，現在是有錢人為了清除腸道垃圾而吃蕃薯。

以前的養雞戶認為雞長得越大越好，但是現在的養雞戶認為雞的成長最好回歸到原始方式，越少生長激素、甚至不要生長激素最好；以前種菜的人，認為多下肥料、農藥最好，現在種菜的人則認為不要肥料、甚至不要農藥，種植有機的蔬菜最好、最健康；以前的人買蔬菜水果，都喜歡挑外表漂漂亮亮的、沒有蟲啃咬的，但是現在的人認為蔬菜水果外表不漂亮沒關係，因為那代表沒有灑那麼多農藥，才會有蟲來啃咬，變得不漂亮。

以前的人出去旅遊，因為去很多國家，可能一去就是星馬泰3個國家10天，例如：去歐洲15天8個國家；但是現在的人喜歡「重點旅遊」，可能在一個城市就待15天。因此，你得對流行敏感，因為所有流行的另外一端，就是下一個趨勢的開端。

方法四、時間差

水往低處流，是因為有高低落差，因此平衡是關鍵，越低的方向就是一種機會。舉例來說，夕陽產業有兩種出路，一是「平行轉移」（換到另一個地方），二是「向上提升」（注入更高的價值，以迎合新的客戶群）。重點在於，凡是過去長期破壞的，就是現在極力要恢復的；凡是過去長期虧欠的，就是現在極力要彌補的。

臺灣以前有一種行業是引進舶來品來販賣，當時出國觀光還不是很盛行，有人會去日本買很多東西回來販賣，然而現在幾乎已經沒有了，因為現在的網路商店非常盛行，無論你在全世界的哪裡、在幾秒鐘之內，就算沒有出國，仍然可以買到同樣的商品。

因此，這裡的「時間差」指的是，如果別人需要花費時間（無論是交通的時間、準備的時間，還是運作的時間）才能拿到的物品（然而，時間差並不只是只有時間這兩字，也包括了資訊差、文化差等各種差異化的概念），你可以將這些時間節省下來，也就是「彌補時間的落差」，把握差異化，並將其同步引進，就能成為下一個趨勢。

例如，美國與臺灣有時差，但是卻有同步引進的可能，我們也許在一個國家花一段時間之後，就能夠創造出一個新的產業，但是我們只要注意到這個新的產業的時間差，那麼下一個流行的據點就是在這裡了。我們可以先引進，就能成為當地的流行者，這就是可以去掌握與觀察的方向。

然而重點在於「該如何做出差異化」呢？如前述，當你引進當地時，可以「平行移轉」，也可以「向上提升」。

舉例來說，臺灣許多30年前的舊機器、舊設備被帶往中國大陸去，因為當時中國正要發展起來，有機器、設備的需求，然而現在的中國已有很多設備，發展也很迅速。而現在某些東南亞國家正是要開始發展的時候，若能掌握這種流行的時代差距、時間差距，就可以往下一個方向走，這就是「平行移轉」，意思是「我這個東西是好的，另一個地方沒有，我帶過去，那麼這個東西對他們來說，就是新的」。

在臺灣，普遍電腦的使用已經轉變為手機的使用，然而在印度，電腦才正要發展上來，因為他們的發展正好需要這樣的產品，若能掌握這些時間的差距，便可以做有效的價值提升。

方法五、留意政策

在中國大陸，政策就是趨勢，趨勢就是商機。

舉例來說，東南亞10國已於2015年12月31日正式成為一個自由貿易區，彼此互聯互通，沒有關稅，國與國之間的往來更為直接了。如果你知道這是東南亞地區的最新發展，那麼你就得盡快把握住這種往來自由、免關稅的待遇，以創造出更大的價值效應。

例如，中國大陸現在提供了相當多的優免政策（優惠減免政策），如果你能利用這些政策，就可以節省掉許多高額的費用。早期在臺灣，因為台積電是國家發展的重點產業，因此當時在稅務上有優惠，諸如此類的政策一定要去掌握住。

當中國大陸在打貪腐的時候，許多開餐廳的人並不認為這和自己有關係，沒料到後來許多高檔餐廳都開始一間一間的關門了，為什麼？因為政府一打貪腐，許多官員就不敢去高檔餐廳吃飯、許多企業家就不敢邀請官員去高檔餐廳吃飯，因此那些高檔餐廳就一個接一個地消失。所以，政策其實還是擁有最大的影響力。

又如，現在許多新能源汽車具有各種補助政策，因為有補助，所以會有更多的人來採購、使用，如果你觀察久了就會知道，這個新能源的發展就會相對地比較好，因為背後是有政策在支持、補助的。

中國大陸提倡「大眾創業，萬眾創新」，因此所有人都可以創業，各種補助也都琳瑯滿目。因為「一帶一路，互聯互通」是中國最重要的政策之一，因為匯款出去更方便，人們的移動更方便，使得做生意變得更方便，各種補助也變得更多了，所以現在所有人都可以、也願意在東南亞各國從商。

許多新政策都能很快地帶來新的改變，例如，臺灣政府補助旅遊、補助購買家電，正因為有相應的政策，便能為旅遊業、家電業帶來更多相對的業績以及績效的提升。

記住，留意任何一個新政策的頒布，因為趨勢就是商機，順著趨勢，也可以創造出另一波新趨勢。重點在於「會看趨勢」，態度、系統、模式才有用處。

中國的五大經濟任務

目前，全世界最大的經濟體幾乎就是美國與中國，特別是與臺灣或者華人世界有影響的，還是聚焦在整個中國。因此中國的一些相應政策，如果用正確的商業角度來看，仍然是我們必須要關注的重點。

中國大陸於2015年召開中央經濟工作會議，提出了2016年五大經濟任務，如下圖所示：

2016年中國五大經濟任務

這將是中國開始進行企業轉型非常重要的部分，這也是我們可以去觀察的方向。五大經濟任務分別是：

一、去產能

過去的時代強調「產能」，例如，鋼鐵得生產多少噸出來、房子得蓋多少棟出來，然而大量提升產能的結果，反而變成了過度產能的浪費。因此在新時代裡，並非強調具有多大的產能，而是要符合適用的、適合的，而非過剩的，因為過剩反而變成資源的浪費。

二、去庫存

過去的時代生產出一堆產品來，但是幾乎都擺在倉庫裡，不一定賣得掉。因此，現在的時代想的是「我如何不再有庫存？」也就是，顧客有多少需求，我才生產多少產品，庫存必須被去除掉。

三、補短板

「補短板」的意思是指，哪一部分的能力不足，就應該在不足的地方做最大的提升。例如，「創新」是目前中國較缺乏的部分，因此中國政府現在頒布大量的政策內容來補足「創新」，讓「創新」這件事做得更好，這就是所謂的「補短板」。

四、去槓桿

過去的時代，許多人會玩「財務槓桿」，說實話這是比較危險的，因為當自己只有1元的實力時，卻做了10元、甚至100元的生意，過度地運用財務槓桿，就會造成許多財務漏洞。而「去槓桿」指的便是不過度運用「財務槓桿」，以避免塑造出經濟假象。

五、降成本

過去的時代都是大量地批發、生產產品，因此成本投入較多，例如，機器、設備投入的成本很多，但是現在已經有3D列印、有各種新設備的出現，成本已經可以有效降低。又如，過去的廣告宣傳成本很高，但是現在幾乎每個人都是一個「自媒體」（註：「self-media」，網際網路術語，意指在網路技術、特別是Web2.0的環境下，由於部落格、微博、共享協作平台、社群網路的興起，使每個人都具有媒體、傳媒的功能），幾乎節省掉了非常多的廣告成本費用。

以前的農民生產的農作物，被大盤商到中盤商、到小盤商，一層層地剝削，然而現在的中間成本都被除去了，為什麼？因為現在每個人都可以直接上網賣自己的東西，例如，你是個農民，就可以在FACEBOOK粉絲頁或者各類網站、互聯網平臺上賣自己種的米等農作物，中間環節的成本也自然降低了。

同時，此五大經濟任務並不只適用於中國大陸，於現今的世界各國也都是相同的概念，於各個經濟社會也都是相同的概念，也絕對是我們可以去觀察與運用的方向。

中國網絡空間發展的三大戰略

2015年12月16日至18日，中國國家主席習近平於第二屆世界互聯網大會上，全面闡述了中國關於網絡空間發展和安全的基本立場，展示了中國對網路空間人類未來發展的前瞻思考。其目標在於，國際社會應該在相互尊重、相互信任的基礎上加強對話合作，以推動互聯網全球治理體系變革。

習近平並提出網絡空間發展的三大戰略，即是：

1. 國家大數據　2.「互聯網＋」行動　3.「網路強國」

以及，四項原則：

1. 尊重網路主權　2. 維護和平安全

3. 促進開放合作　4. 構建良好秩序

兩個支點，即為：

1. 共同構建和平、安全、開放、合作的網路空間。
2. 建立多邊、民主、透明的全球互聯網治理體系。

此外，更提出五點主張：

1. 加快全球網路基礎設施建設，促進互聯互通。
2. 打造網上文化交流共享平臺，促進交流互鑒。
3. 構建互聯網治理體系，促進公平正義。
4. 保障網路安全，促進有序發展。
5. 推動網路經濟創新發展，促進共同繁榮。

從其提出的內容可以看出，在思想、言行方面控制得較為嚴謹的社會主義國家理念，現在也已意識到沒有任何事物是可以完全受到掌控的，與其做嚴格的控制，不如在開放的環境裡去形成一種新的規範。

例如，「微信」便是從中國大陸創造出來，而非從臺灣創造出來的，因為中國已認知到「互聯網＋」的時代來臨了（註：「互聯網＋」為創新2.0下中國網際網路發展的新形態、新業態，是知識社會創新2.0推動下的網際網路形態演進，在2015年被中國國務院總理李克強率先提出。「互聯網+」不僅僅是網際網路的移動，以及與傳統行業的融合及應用，更加入了無所不在的計算、數據、知識，造就了無所不在的創新，也引領了創新驅動發展的「新常態」），因此，連中國領導人都出席世界互聯網大會，並提出重要主張，我們能在主張中看出：「互聯網」在中國的確會成為不斷影響人們的新常態。

商業的下一個風口在哪裡？

中國製造業熬過了2008年，卻熬不過2015年？

「MADE IN CHINA」曾經帶領中國走在世界前沿，「中國製造」一度曾是中國經濟發展引擎的巨擘，如今，一方面是東南亞國家已經開始崛起，也就是前述的「平行移轉」概念，一些東南亞國家正在中、低端製造業上使力，搶奪中國的成本優勢地位；另一方面，原先在華生產的外資高端製造業紛紛回流自己的發達國家，中國的投資優勢正在消失，諸多企業都辛苦在運作中，「前後夾擊」已成為了當前中國企業的無奈現狀。

有人對此曾說：「小老闆在愁，中老闆在挺，大老闆咬著牙夜夜難眠，這就是我們的2015年！」

這句話可能說得有些嚴重，但是才剛過去的2015年，大老闆們的確不容易。沒有錯，如果我們只依賴原先的製造型態，沒有或者不願意去做改變，現狀就是許多傳統產業都已受到互聯網的影響，多數都已被擊退。舉例來說，「百盛百貨」是中國大陸最大的連鎖百貨公司，是馬來西亞百盛集團旗下的公司，曾經是最大的連鎖百貨公司，現在卻一家一家的面臨挑戰，為什麼？因為整個產業型態都已經改變了，如果你不變革，那麼真的只能「等死」，因為互聯網所帶來的一系列變革已經過於龐大。

許多老闆原先從事的是傳統的重工業，也就是「重資產」，老闆雇用了大量的員工，因此長期下來造成資金的缺口越來越大，因為銷售量並沒有變好，成本卻又提升，因為發員工薪水等同於一直花錢，造成企業始終承受相當大的資金壓力。現在的老闆有80%以上面臨著資金壓力、經營困難與倒閉風險，就像是遭遇海難船翻了的時候，最倒楣的人是船長，因為船員可以逃命，但是「船長」不能跑，因為「船長」就是老闆。

面對如此情況，中國政府便推出了順應趨勢的「一帶一路，互聯互通」政策，「一帶一路，互聯互通」就等於大老闆們能為自己的企業找到新出路，以「平行移轉」的角度來看，等同於「我在中國大陸做不下去，就開始往外走」的概念，就像以前臺灣的製造業，例如製作帽子、製作雨傘的業者撐不下去了，就跑去中國做生意一樣，這就是「平行移轉」的概念。

「一帶一路，互聯互通」

中國推出順應趨勢的「一帶一路，互聯互通」政策，其中，「一帶一路」指的是「絲綢之路經濟帶」與「21世紀海上絲綢之路」的簡稱，其貫穿了歐亞大陸，東邊連接了亞太經濟圈，西邊則是進入了歐洲經濟圈。

「一帶一路」的沿線國家總人口數量約44億人，約占了全球總人口的63％，而沿線的國家大多是新興經濟體和發展中國家，普遍都處於經濟發展的上升期，經濟總量約21萬億美元，占全球總產出的29％。

「一帶一路」的建設同時有利於形成「陸海統籌」、「東西互濟」的全方位對外開放新格局。中國全國的31個省區市均在地方兩會中明確地表示要積極參與或服務於「一帶一路」建設。2014年，中國與「一帶一路」沿線國家的貨物貿易額突破達到1萬億美元，占了全中國貿易總額的26％。

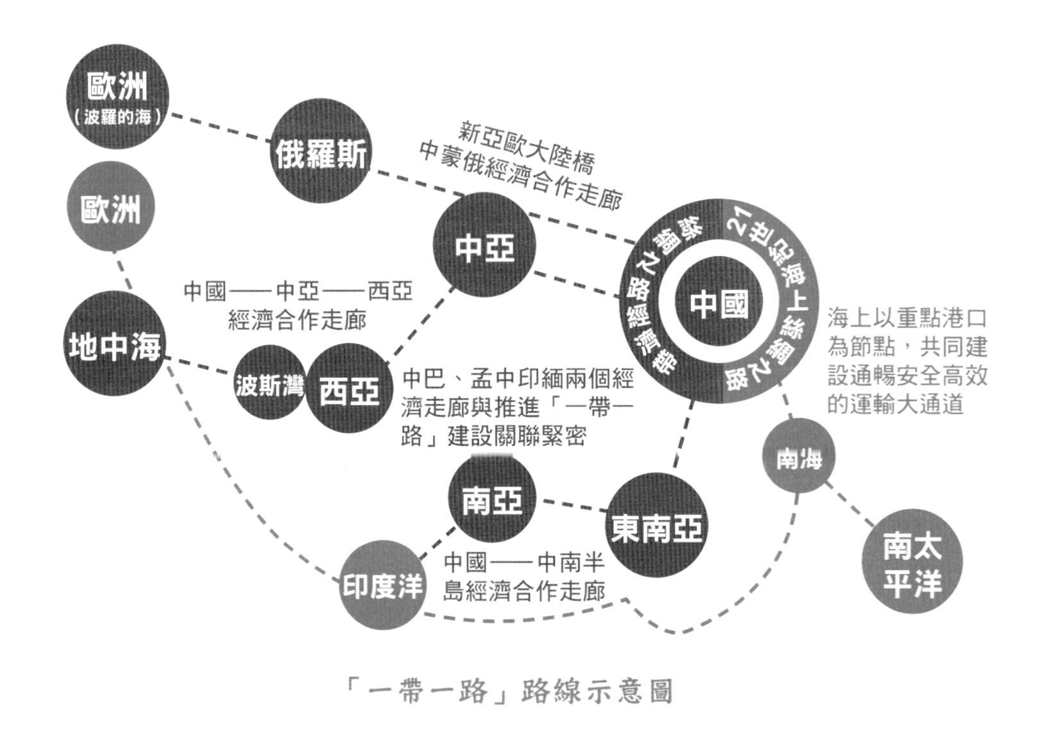

「一帶一路」路線示意圖

「一帶一路」如上圖所示：在陸地上，是從中國連接到中亞，最後到達歐洲，是「絲綢之路經濟帶」；而「21世紀海上絲綢之路」在海上，是從廣州、泉州、福州往南，經馬六甲海峽，往西最遠到達非洲。

在整個區域當中，等於中國要與各國：

一、加強政策溝通

各國就經濟發展戰略進行交流，協商制定區域合作規劃和措施。

二、加強貨幣流通

推動實現人民幣兌換和結算，增強抵禦金融風險能力，提高本地區經濟國際競爭力，因此人民幣會越來越強大。

三、加強道路聯通

將陸地連接起來，海上連接起來，就有陸上通道與海上通道，能打通從太平洋到波羅的海的運輸大通道，並逐步形成連接東亞、西亞、南亞的交通運輸網絡。

四、加強民心相通

加強人民之間的友好往來，增進相互瞭解和傳統友誼。

五、加強貿易暢通

各方應該就推動貿易和投資便利化問題進行探討，並做出適當安排。

因為此政策的提出，中國迎來了國際化的時代，當然也是因為中國國內的能力與各種成本都過高，所以開始往外走。

「大眾創業，萬眾創新」

目前，整個中國的趨勢是「全民創業」，前述的上海市與成都市政府的補助案即是相當明顯的表現，關鍵便是要倚賴市場機制創造出最強大、最持久的經濟增長力。

在中國最重要的政策，就是由國家主席習近平所提出的「一帶一路，互聯互通」，以總理李克強所提出的「大眾創業，萬眾創新」，前者對外，是將周邊幾十個國家連結在一起；後者對內，是將整個國家自己的經濟實力做最大程度的提升，以期創造出更大的效益和價值。

未來中國經濟增長的三大風口

面對中國這一個全球最大的市場，未來其經濟增長的三大風口為：

一、創新

運用更多的創新政策，產生更多的價值提升。

二、消費與服務

「消費」的新亮點在於「信息消費」、「旅遊消費」與「新能源汽車」，如下說明：

「信息消費」預計2015年規模到達3.2萬億元（人民幣），增加20%以上，2015年前10月，中國4G用戶已達3.3億戶，新增超過2.3億戶。

「旅遊消費」預計2015年前三季度，國內旅遊消費2.56萬億元，增加15.1%。

「新能源汽車」預計2015年前10月，銷售超過17萬輛，增加2.9倍。

因為中國將整個政策焦點關注於此，所以整個消費的亮點在這些類項都有明顯的向上提升。

中國於「十三五」期間（註：「十三五」為中華人民共和國國民經濟和社會發展第十三個五年規劃綱要，簡稱「十三五規劃綱要」或「十三五」，是指中華人民共和國制定的從2016年到2020年發展國民經濟的規劃），將現代服務業發展重點放在「生產性服務業改造提升」、「互聯網與服務業結合」、「生活性服務業的消費升級」與「高端服務業和先進製造業的融合」。其後，在中國十八大的會議上明確地提出「科技創新是提高社會生產力和綜合國力的戰略支撐，必須擺在國家發展全域的核心位置。」而創新的風口則有以下的七個發展方向：

- **1. 科技創新**
- **2. 產業創新**
- **3. 企業創新**
- **4. 市場創新**
- **5. 產品創新**
- **6. 業態創新**
- **7. 管理創新**

實際的做法，中國於2015年5月8日提出「中國製造2025」，明確地提出加快推動新一代資訊技術與製造技術融合發展，將「智慧製造」作為兩者深度融合的主攻方向，研究制定智慧製造發展戰略。因為「中國製造2025」的核心是「創新驅動發展」，主線是工業化和資訊化兩者融合，主攻方向是智慧製造，以期最終實現製造業的數位化、網路化與智慧化。

其十大重點領域為：

➲1. 新一代信息技術產業 **➲2. 高檔數控機床和機器人**
➲3. 航空航天裝備 **➲4. 海洋工程裝備及高技術船舶**
➲5. 先進軌道交通裝備 **➲6. 節能與新能源汽車**
➲7. 電力裝備 **➲8. 農機裝備**
➲9. 新材料 **➲10. 生物醫藥及高性能醫療器械等。**

世界各地的華人只要能注意到最大市場將往這些方向發展，若有相應的資源配置，就能在相應的方向裡有效提升與配合。

三、新市場

意指「開拓新市場」。「互聯網＋」能拉動消費新動力，「互聯網＋」的型態一出現，就能造成相當大的營業額，光是2015年「天貓」商場的「雙十一節」（11月11日），就能創造出912億元（人民幣）的營收，較前一年增加了60%。其中移動端（手機、iPAD等）的消費比就占了68%，這些都顯現出一種新的趨勢與方向。

美國剛完成成員為12個國家的「TPP」協議（註：The Trans-Pacific Partnership，跨太平洋夥伴關係，是由亞太經濟合作會議成員發起，從2002年開始醞釀的一組多邊關係的自由貿易協定，旨在促進亞太區的貿易自由化），而12個成員國有：汶萊、智利、紐西蘭、新加坡、澳洲、加拿大、日本、馬來西亞、墨西哥、秘魯、美國、越南。

至於中國，則是剛完成「RCEP」協議（註：區域全面經濟夥伴關係框架協定，中華民國政府稱為區域全面經濟夥伴協定。主要是以東南亞國家協會10國為主體，加上日本、中國、韓國、印度、澳洲、紐西蘭等6國，共計16個國家所組成，是更近一步的自由貿易協定（FTA））。

中國並於2016年1月推出「亞投行」（註：Asian Infrastructure Investment Bank，縮寫為AIIB，亞洲基礎設施投資銀行，簡稱亞投行，是一個向亞洲各國家和地區政府提供資金，以支持基礎設施建設之區域多邊開發機構，成立宗旨在促進亞洲區域內的互聯互通建設和經濟一體化進程，並且加強中國及其他亞洲國家和地區的合作）正式營業。

當全世界各國都在互聯互通時，我們一定要成為平臺上的一分子，才能享用平臺上的所有共同資源，如果我們被孤立在平臺之外，例如臺灣的處境就較為辛苦，因為臺灣目前既不是「TPP」的成員，也不是「RCEP」的成員，如果不在成員國當中，就只能自己與自己做生意，市場一定就非常地小，如果想和別人做生意，就會因為自己非平臺成員的身分，而有較多關稅上的問題。

因此，在整個大趨勢上一定需要與他人做更多的連結，才能產生互利效果。以臺灣來說，須想辦法加入更多的區域平臺，否則將會成為一座孤立的島嶼。

沒有永遠成功的企業，只有時代的企業

時代改變了，你沒有選擇，得與時俱進跟上腳步，不要抗拒去改變，否則就將被時代所淘汰。

因此經營、管理企業的方向很重要，經常人們習慣用傳統的思考模式，以至於日後沒有走對方向。例如，當所有人都在使用網路的時候，傳統產業的公司通常不會想到要利用網路做改變，那麼他們的公司就沒有顧客上門購買產品。方向不對，等於努力白費。

海爾集團的CEO張瑞敏曾說：「在互聯網時代，外部的變化非常快，而企業內部如果只考慮均衡，最終只會靜止不前，只能等死。」、「所有的企業都要跟上時代的步伐才能生存，但是時代變遷太快，所以必須不斷地挑戰自我、戰勝自我。」萬物皆可以互聯，而互聯成全生態。

中國大陸的阿里巴巴CEO馬雲、騰訊CEO的馬化騰與百度CEO的李彥宏三大牛人，也不約而同地發表了觀點——「今後所有企業，都是互聯網企業。眾多傳統行業都開始使用互聯網思維來改造，『企業該如何轉變成為互聯網企業？』成了熱門關注點。未來，每一個企業都將成為移動互聯網企業。」

互聯網將企業之間的圍牆徹底打破，能做到「內部一體化」、「社會化商業」與「產業鏈協同」，彼此能有更多的整合。因此，「互聯網＋」必然成為極重要的趨勢。

什麼是「互聯網＋」？

「互聯網＋」指的是以網路平臺為基礎，利用資訊通信技術與各行業進行跨界融合。「互聯網＋」行動，指的就是將互聯網加到「傳統行業」中進行深度融合，是傳統產業創新的驅動力。

而「互聯網＋」的「＋」，包含了以下幾個概念：

一、連接、聯盟、生態圈

例如：電商與百貨聯盟。

二、跨網路連結

例如：行動＋互聯網。

三、產業互聯網化

指的是運用互聯網的所有能力來加速創新。

四、連結一起，人們可與世界各角落連接，突破時空障礙

例如：微信。因為連接，是改變一切的力量。

而「互聯網＋」在中國帶來的三大變化為：

一、重塑現實供需，產業鏈被拉長

二、參與人群由極客演變為線上線下複合型人才

三、商業模式多重多樣

例如，向上發展為「雲端」和「大數據」；向下延伸為「O2O」（Online To Offline，O2O營銷模式又稱為離線商務模式，是指線上營銷和線上購買帶動線下經營和線下消費）。

「互聯網＋」時代，企業須做到的事

在「互聯網＋」時代，企業應要能符合什麼趨勢呢？

一、跨界融合

「＋」指的是跨界，就是變革，就是開放，就是重塑融合。敢於跨界，創新的基礎就能更堅實，融合協同了，群體智慧才會實現，從研發到產業化的路徑才會更垂直。

二、創新驅動

中國粗放的「資源驅動型增長」方式早已難以為繼，必須轉變到「創新驅動發展」這條正確的道路上來。而這正是互聯網的特質，若能利用所謂的互聯網思維來求變與自我革命，就更能發揮創新的力量。

三、重塑結構

我們說，資訊革命、全球化、互聯網業已打破了原有的社會結構、經濟結構、地緣結構與文化結構。權力、議事規則、話語權不斷地發生變化，在「互聯網＋」社會治理、虛擬社會治理上會產生很大的不同。

四、尊重人性

人性的光輝是推動科技進步、經濟增長、社會進步、文化繁榮最根本的力量，互聯網的力量之強大，也源於對人性最大限度的尊重、對人體驗的敬畏與對人發揮創造性的重視。

五、開放生態

關於「互聯網＋」，生態是非常重要的特徵，而生態的本身就是開放的。我們推進「互聯網＋」，其中一個重要方向就是要將過去制約創新的環節解除掉，將孤島式的創新連接起來，讓研發由人性決定的市場來驅動，讓創業且努力的人有機會實現價值。

六、連接一切

「大連接」時代已經來臨，移動互聯網、大數據、雲計算等新技術迅速崛起，讓一切的連接都成為可能。

傳統管理模式往往只能打通企業內部的協同，並無法做到企業與客戶之間的連接。因此，打通企業內外，就成為企業與客戶連接的突破口，扁平化對接的方式能在企業完成集客引流之後，形成互動通路，使企業與客戶之間瞬間縮短距離。

物聯網，萬物聯網的未來

作為「互聯網」的延伸，「物聯網」利用通信技術將感測器、控制器、機器、人員和物等透過新的方式連結在一起，形成人與物、物與物相連，而它對於資訊端的雲計算和實體段的相關傳感設備的需求，使得產業內的連結成為未來的必然趨勢，也為實際應用的領域打開無限的可能。

「互聯網」即將消失，「物聯網」將無所不能。Google執行董事長施密特（Eric Emerson Schmidt）稱，未來將有數量龐大的IP地址、感測器、可穿戴設備，以及雖感覺不到但可與之互動的東西，時時刻刻伴隨著你——「設想下你走入房間，房間會隨之變化，有了你的允許和所有這些東西，你將與房間裡發生的一切進行互動。」施密特如此說。

未來中國的十大創富產業

一、新能源

1. 新能源

所謂的「新能源」，就是相對於傳統能源的定義，傳統能源是化石燃料，是地球表面的植物埋到地底下，凡是挖出來、具有燃燒功能，能作為能源的，就稱為「化石燃料」，如；煤炭、石油。而新能源則是「非化石燃料」，主要包括四個種類，如：風能、水能、太陽能、核能，將此四種類統稱為「新能源非化石燃料」。

2. 可再生能源

「可再生能源」主要有風能與太陽能。風能與太陽能兩者對技術的要求過高，發電成本高，消費者無法接受。當前中國的兩個解決辦法為免交土地所得稅與財政補貼，暫時都行不通。

3. 清潔能源

「清潔能源」包括所有新能源加一部分的傳統能源，如液燃氣、天然氣，雖然是傳統能源，但清潔性很好，因此也歸類為清潔能源。

二、新材料

材料工業是國民經濟的基礎產業，「新材料」是材料工業發展的先導，未來中國的許多產業提升都將仰賴新材料來完成。

今日，科技革命迅速發展，新材料產品日新月異，產業升級、材料換代的步伐也已加快。新材料技術和奈米技術、生物技術和資訊技術相互融合，結構功能一體化、功能材料智慧化的趨勢明顯，材料的低碳、綠色、可再生迴圈等環境友好特性倍受關注。

中國主席習近平曾訪問英國，專門拜訪了石墨烯實驗室，而實驗室的項目即是對高強度的新材料——奈米材料的研究。

三、生命生物工程

「生命生物工程」的發展已經為中國帶來了龐大的利益和福祉，將成為中國未來科技發展的戰略重點。當前，市場對生命生物工程的需求擴大，涉及到農業、醫療、健康等領域，技術的突破也較為快速。

四、資訊與新一代資訊技術

資訊技術目前在中國投資有三個熱點，說明如下：

1. 晶片

中國大陸無法製作出晶片，每年進口晶片的金額相當於進口石油的金額，一旦突破，將能有龐大的市場需求。

2. 無線傳輸技術

中國未來的資訊基本上走向無線傳輸技術。

3. 終端使用

互聯網將實現注入技術的終端使用，中國在終端使用的實作上不錯，大量的企業都在終端使用技術上獲得突破，並且未來具有市場發展空間。然而當前的資訊技術有兩個待解決問題，一是大數據的問題，二是資訊安全的問題，一旦實現大數據，安全性就將進入新的資訊時代。

五、節能環保

「節能環保」在中國未來市場具有成為戰略新興產業的潛力，中國是最大的資源消費國，也是最大的污染國，因此解決資源節約和污染是首要問題，但是解決問題並不能光靠法律和政策，最終需要依靠技術，一旦技術突破了，它就能成為一個產業。

六、新能源汽車

現在的中國汽車都是傳統能源汽車，無法解決污染問題，最終將轉向「新能源汽車」的研發，如：電動汽車。中國已將新能源汽車作為未來發展的重點方向，目前的規定為：凡建社區的時候，務必都要有基礎配套設施，也就是充電站。現在全國所有城市都在推進基礎配套設施建設，目的就是推動新能源汽車的發展。

七、智慧型機器人

在生產領域投入智慧型機器人使用，實際上就是工業物聯網，不僅可以存在於生產領域，更可以運用到非生產領域，如：遙控飛機，未來可能發展無人駕駛汽車，在不久的將來或許都會實現。

最近智慧型機器人在中國也運用在保安系統，如：當你進入走廊的時候，它告訴你「請拿出有效證件」，連說三次，如果你沒有出示有效證件，它會說「請你後退五步」，若你還沒有動作，它會告訴你「你再不動，我就出手了」，一拳打過來，比人還快。這些運用都將很快地實現。

八、高端裝備製造

現今工業製造業的發展非常迅速，「高端裝備製造業」改變了人類世界的進程，兩百多年的工業發展給人類社會創造了巨大的財富，但同時人們也看到資訊技術的發展、社會環境的變化，又正促進著工業不斷地變革，也促進了高端裝備製造業不斷地發展和進步。

在這個時代，裝備走上了「智慧化」、「系統化」的過程，幾乎所有的高端裝備，如：從航空航太的裝備，到天上飛的、地上跑的，沒有哪一種裝備不被資訊技術、嵌入式的技術進行了武裝、改造與連網。

過去的工廠只關注傳統的設計、製造，將產品販售出去，現在人們透過網路將所有的產品連接起來，在產品使用、運營、維護的生命週期內，可以對它進行遠端的控制、診斷、運營與服務，從而使得高端裝備進入到由生產性的製造走向服務性的製造，走向生產加服務的形式。

九、現代服務業

1. 消費服務

「消費服務」包括餐飲與商貿、醫療與健康、養老消費服務、兒童消費服務、家政消費服務與資訊消費服務。

2. 商務服務

「商務服務」是指為人們的商務活動提供服務幫助的行業，包括金融綜合服務類，如：商業銀行服務、投資銀行、證券、基金、保險等；會計事務所、審計事務所；投資諮詢服務；園區管理類服務。

3. 生產服務業

直接為生產過程提供服務，就是「生產服務業」，如：技術服務、設計等。生產服務業現在有巨大的發展空間，目前中國大陸在產能過剩的條件下，實際上要解決此問題，最重要的仍是須想辦法提升效率和功能，其中一個重點是依靠「生產服務」。

4. 精神服務業

「精神服務業」是為人們的精神生活提供服務，人們的享受實際上分為兩種：一是物質享受，二是精神享受。為物質享受服務的就是「消費服務」，為精神享受提供服務就是「精神服務業」，而精神服務業包括：影視、旅遊、文化、出版等。

十、現代製造業

1. 航空器與太空船製造

目前波音公司每年生產量的30%、空中客機的28%販售給中國，如果不買波音的飛機，中國自己生產，則能節省70%的成本。

2. 高鐵裝備製造

高鐵裝備製造中國有自己的性價比，且其國內市場需求龐大。目標於2030年前，每一個縣都要開通高鐵，並且高鐵也開始出口，印尼、泰國、俄羅斯都有龐大的市場需求。同時高鐵裝備製造涉及到30個行業，如：鋼鐵、建材等行業都能在供應鏈中獲利。

3. 核電裝備製造

中國的第三代和第四代核電裝備已完成，現在不僅在國際上出口，甚至到發展中國家，並且將進軍發達國家，未來的市場需求龐大。

4. 特高壓輸變電裝備製造

當前，中國已經決定用特高壓輸電技術來改造中國的電網，將成為全國統一電網。

5. 現代船舶製造

能生產航母艦隊的製造，才稱為現代船舶製造。中國閱兵時，有一編隊飛過天安門廣場，稱為艦載機編隊，告訴世界中國將發展自己的航母編隊。要發展航母編隊，在現代製造業就須將現代船舶製造作為重點專案。

NOTE

臉書粉絲團
林偉賢老師

一個人要成功，不是自己總結出一套思維模式，
就是複製別人證明有效的思維模式。
所以，企業家的思維必須要改變，
真正的企業家需要的是全方位的系統思維能力，
不但要學會如何賺錢，更要學會如何分錢，
最重要的是要學會如何把錢收回來！

Chapter 2

[模塊二]
商業思維的革命

ENTREPRENEURSHIP REVOLUTION

- 傳統企業發展的六大缺失
- 企業家必備的三大思維模式
- 改變思維模式，點燃創新智慧
- 突破創新障礙，直入無人競爭新境界
- 創新行銷，打造21世紀行銷系統

傳統企業發展的六大缺失

當整個趨勢產生如此之大的變化時，人們的思維也必須跟著改變，而企業家、創業者的思維必然也得要改變，因為思維決定成敗、思維決定人生、思維決定命運、思維決定了一切……

人與人之間最大的差別在於「脖子以上的部分」，不同的觀念最終導致了不同的人生，而窮人和富人的區別正在於此。

這裡談的是一般傳統企業的發展有六大缺失，分別為：

- **1. 缺思維**
- **2. 缺信仰**
- **3. 缺模式**
- **4. 缺團隊**
- **5. 缺資本**
- **6. 缺市場**

這「六缺」是阻礙企業發展的主要障礙，每一項缺失都是一個重大瓶頸，都會使企業發展緩慢，甚至死亡！

思路決定出路

在「互聯網思維」當中，我們必須瞭解「族群思維」大於「產品思維」，「平臺思維」大於「垂直思維」，而「合作思維」會大於「單打獨鬥」思維。

在「資本思維」當中，則須明白「他人投資」大於「自己投資」，「本錢生錢」大於「經營賺錢」，「眾籌思維」則大於「ABCD融資」思維。

在「運營」方面，必須清楚「標杆模式」大於「自我創新」，「全球資源」大於「本土資源」，「全球市場」大於「本土市場」的道理。

在每一個方面，都是思維必須要改變，如果你只有專注在將產品做到最好，但是卻沒有注意是哪些族群在使用這些產品，只有注意到垂直思維，從頭到尾一條龍，沒有注意到一個平臺上大家已經彼此連接、彼此合作，就容易失敗。就像過去你只有注意到自己一個人要打敗所有的產業，自己當老大，但是現在，每一個老大都是一群老大共同組織起來的，這便是「合作思維」。

槓桿模式

以前的「槓桿模式」是只有考慮到自己，自己不斷地花很多錢、很多力氣做研發工作，但是現在已經不同了。例如，有一種感測器被生產出來了（註：Sensor，是能感受被測量並按照一定規律轉換成可用輸出信號的器件或裝置，通常由敏感元件和轉換元件組成），你就可以直接使用這個感測器，也就是說，你直接使用別人的成果就可以了。

全球資源

以前如果要製作手機，就得自己想辦法弄一個晶片出來，現在則是有許多公司將很好的晶片研發、生產出來，我們可以直接使用他們生產的晶片來製作手機，只要付權利金就可以。

以前做生意的人只有考慮到一時、一地，但是現在普遍認為一個好的合作是「全球性」的合作。例如，想像以下的場景，你在美國買了一支手機，當手機出問題時，你按照它說明的免付費電話撥打電話過去，對方的客服人員操著流利的英語回答了你的所有問題。

當你放下電話時，你可能還不知道那個客服人員其實身在印度，因為手機廠商的客服中心設立在印度，而印度人的英文不錯，並且在印度設置客服中心的成本低，透過網路通訊也不需要成本，因此現在的潮流是將全球資源做適當的配置。

又如，2015年時有三位大人物（日本軟體銀行CEO的孫正義、中國大陸阿里巴巴CEO的馬雲、臺灣鴻海CEO的郭台銘）共同合作製造與生產「Pepper機器人」，Pepper機器人是一個會表達情緒的類人型機器人。而三位大人物分別為科學研究的發展技術最好的公司、製造生產最優秀的公司、銷售成績最上手的公司，三大龍頭的合作能創造出最大的效益，將可以用更低的成本得到更高價值的提升。

全球市場

以臺灣來說，有許多人生產、製造商品，但是如果只有在臺灣販賣的話，最多只有2千3百萬的人口，然而如果可以透過淘寶、亞馬遜，透過世界上各種不同的管道，就可以打造出更多市場的平臺。例如，CoCo都可茶飲在臺灣擁有上百家店，在中國卻已擁有超過1千5百家門市，這也就是所謂的「英雄選擇戰場」，我們的戰場都應該更加地擴大。

資本思維

在過去，如果我要創業，可能需要上班十幾、二十年，存了50萬、100萬元準備要創業，結果最後才發現，這些錢可能連買部車都不夠。但是現在不一樣了，我們如果要創業，只要有一個好的觀念、好的想法，那麼風險投資、天使投資等各種投資資金都會來幫你的忙。

過去是靠經營所得賺錢，可能賺5%、10%，但是現在同樣的一筆錢，如果用來投資別的新興產業，也就是我將自己經營企業所賺到的錢拿去投資別人，因為我自己的本業回報率可能只有10%，但是我投資其他產業的回報率卻可能有20%、30%，我一方面做好本業，二方面投資別人，這就是一種改變的開始。

以前的融資，是從第一輪、第二輪、第三輪、第四輪融資開始，稱為「ABCD輪」，一步步地融資下來。但是現在你可能只要做一件事，就是將企劃案放上眾籌平臺，你的需求資金，無論是1千萬元、2千萬元、甚至2億元，立刻就能到位。

所有傳統做企業的人，原本都是屬於前述的「產品思維」、「垂直思維」、「單打獨鬥思維」、「自己投資」、「ABCD融資」、「自我創新」、「本土資源」、「本土市場」等類向。

但是在改變之後，就變成完全不同的概念，也就是「族群思維」、「平臺思維」、「合作思維」、「他人投資」、「本錢生錢」、「眾籌思維」、「標杆模式」、「全球資源」與「全球市場」，這些都是改變的關鍵。

企業家必備的三大思維模式

馬雲說：「一流的老闆學習別人的思維，二流的老闆模仿別人的行為。」

一個人要成功，不是自己總結出一套思維模式，就是複製別人證明有效的思維模式。所以，企業家的思維必須要改變，真正的企業家需要的是全方位的系統思維能力，不但要學會如何「賺錢」，更要學會如何「分錢」，更重要的是要學會「如何把錢收回來」！

這裡談的是企業家必備的三大思維模式，如下圖所示：

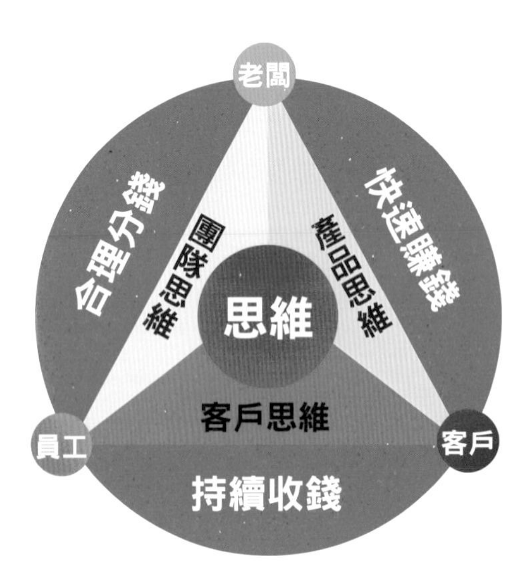

企業家必備的三大思維模式

一、產品思維——賺錢

「產品思維」指的是如何快速賺錢，解決的是如何賺錢（商業模式）的問題，也就是如何讓客戶持續不斷地買單。公司研發的產品必須要能造福客戶，例如，你要知道賣什麼、如何賣、在哪裡賣。說明如下：

滿足需求：讓公司的每一款產品都讓顧客尖叫，並瘋狂購買。

無中生有：打造漏斗式的商業模式，讓顧客持續不斷地買單。

出奇制勝：運用顛覆時空的思維模式創造，並引領商業潮流。

二、團隊思維——分錢

「團隊思維」指的是如何能夠合理地分錢，解決的是如何分錢（分配機制）的問題，也就是如何讓員工持續不斷地跟隨。公司設定的機制必須要能成就員工，例如：人、薪酬、考核、晉升、願景、規則。說明如下：

建立依賴：讓員工離不開公司，讓客戶離不開公司。

統一立場：讓員工像老闆一樣沒日沒夜、自動自發地工作。

解放老闆：打造自動化運營的商業系統，讓老闆不再辛苦。

三、客戶思維——收錢

「客戶思維」指的是如何可以持續地收錢，解決的是如何收錢（行銷模式）的問題，也就是如何讓客戶持續主動地購買。公司設計的銷售流程必須傻瓜式，例如：不能靠能人，也不能靠神人，要靠業務流程。說明如下：

永續經營：優化企業的三大利潤來源，打造持續賺錢系統。

賺錢機器：優化企業的銷售流程，讓顧客持續主動地購買。

縱橫天下：將一切社會資源為我所用，遠交近攻、縱橫天下。

為客戶節省時間，錢才能進來快一些

舉例來說，夜市裡有兩個賣麵線的攤位，攤位相鄰，座位都相同。

一年之後，甲攤販賺錢買了房子，但是乙攤販卻仍然無力購屋。

為什麼？

原來，乙攤販的生意雖然好，但是剛煮好的麵線很燙口，顧客需要十五分鐘才能吃一碗，然而甲攤販將煮好的麵線事先在冰水裡泡三十秒，再端給顧客，溫度剛好，攤位的翻桌率能有效提高，這便是客戶思維的運用與流程的改變。

面對趨勢，企業家就要從前述的三大思維開始改變。

改變思維模式，點燃創新智慧

「知識改變命運，創新成就未來。」如果沒有創新意識與創新能力，我們每一個人、每一個企業，乃至於社會、國家就不可能贏得未來的競爭，將不得不處處受制於人。「思路決定出路，思路決定財路。」所以想要賺錢，就得不斷地創新，為自身的發展闖蕩出更廣闊的新天地。

現代管理學之父彼得．杜拉克（Peter Ferdinand Drucker）曾說：

「經濟形態將永遠改變，創新才是最重要的本質。」

「生產力將是在21世紀脫穎而出的新關鍵，而生產力的提升最重要的因素就是：更創新的理念與系統。」

以及，「不創新，就死亡。」

海爾CEO張瑞敏也說：

「海爾的價值觀是什麼？只有兩個字——『創新』。創新就是要不斷地戰勝自己，也就是要確定目標，不斷地打破現有平衡、建立新的平衡。在新的不平衡的基礎上，再建立一個新的平衡。」

當面臨外界事物或現實問題時，人們會不假思索地採用自己習慣的特定思維框架來處理。然而「創新思維」是指，我們不拘泥於書本，不迷信權威，不唯上，不依循於常規，以已經有的知識作為基礎，結合當前的實踐，來進行獨立思考，大膽探索，標新立異、別出心裁，積極提出自己的新思想、新觀點、新設計、新意圖、新途徑、新方法、新點子、新工藝、新產品等的一系列活動。

因為欠缺創新，所以創造力消失；因為欠缺創造力，所以構想消失；因為欠缺構想，所以產品消失。因為欠缺客戶，所以生意消失；因為欠缺生意，所以公司消失。所有這些都只因為欠缺一個：「創新」。

那麼，什麼是「創新」呢？

「創新」就是：Innovation（創新）＋Value（價值）＝InnoValue（創新價值）。

創新思維的意義

那麼，我們可以從哪些方面去做創新呢？

- **1. 技術的創新**
- **2. 產品的創新**
- **3. 服務的創新**
- **4. 流程的創新**
- **5. 制度的創新**
- **6. 方法的創新**
- **7. 標準的創新**
- **8. 思路的創新**
- **9. 觀念的創新**
- **10. 機制的創新**
- **11. 模式的創新**

「創新」是個人發展必備的素質，沒有創新，個人就沒有發展，這不只是技術人員需要，其他職位的人同樣需要。「創新」是提高企業核心競爭力的祕訣，在物競天擇的時代裡，不創新就等於自取滅亡。而核心競爭力來自於創新團隊，創新團隊由一個個具有創新思維的人所組成。「創新」更是社會發展的動力，沒有創新就沒有發展，一個國家的發展史，就是由一連串創新的腳印所連接成的。

創新的六種形式

在創新上，有哪些形式是可以特別關注的？

一、模式的創新（工業4.0）

在「模式的創新」上，有商業模式、管理模式和投融模式。

二、科技的創新

科技創新只是眾多創新中的一種，科技創新通常包括產品創新和工藝方法等技術創新。同時，科技創新也是提升國家核心競爭力的必經之路。

三、產品的創新

「產品的創新」也就是指產品要能解決未被解決的問題、滿足未被滿足的需求、重視未被重視的尊嚴。例如，臺灣著名的鳳梨酥「微熱山丘」，其採用八卦山139線上所生產的土鳳梨做內餡，酥皮以日本進口麵粉製作，加上紐西蘭天然奶油和隆昌牧場的紅殼蛋，使「微熱山丘」成功打響了名號，成為臺灣賣最貴、產值最好的鳳梨酥。

四、行銷的創新

「行銷的創新」指根據行銷環境的變化情況，結合企業自身的資源條件和經營實力，尋求行銷要素在某一方面或某一系列的突破或變革的過程。在這個過程中，並非一定要有創造發明，只要能夠適應環境，贏得消費者的心理且不觸犯法律、法規和通行慣例，同時能被企業所接受，那麼這種行銷創新即是成功的。最終能否實現行銷目標，並非是衡量行銷創新成功與否的唯一標準。

五、服務的創新

「服務的創新」是使潛在使用者感受到不同於從前的嶄新內容，意指新的設想、新的技術手段轉變成為新的或者改進的服務方式。

例如，著名火鍋店海底撈，候位時能美甲、擦鞋或者下圍棋；坐上桌，服務生便送上髮夾、保護手機的夾鏈套，還有師傅表演拉麵秀，這就是一種服務上的創新。

又如，新加坡航空向來以新服務創造優勢，率先成為全球第一家提供機上環球電子郵件收發的航空公司。繼1991年在飛機上的3個艙等裝設個人衛星電話、客艙傳真服務之後，如：隨選視聽功能的客艙娛樂系統、機上環球電子郵件收發、每小時更新一次的網上資訊瀏覽等設施與服務，讓新加坡航空被譽為最好服務的航空公司，這也是一種服務上的創新。

六、供應鏈的創新

「供應鏈的創新」的定義為圍繞核心企業，透過對信息流、物流、資金流的控制，以採購原材料開始，製成中間產品及最終產品，最後由銷售網絡將產品送到消費者手中。它是將供應商、製造商、分銷商、零售商，直到最終用戶連成一個整體的功能網鏈模式。

因此，一條完整的供應鏈應包括供應商（原材料供應商或零配件供應商）、製造商（加工廠或裝配廠）、分銷商（代理商或批發商）、零售商（大賣場、百貨商店、超市、專賣店、便利商店和雜貨店）以及消費者。

例如，以色列為一創新的國家，擁有765萬人口，國土為1.49萬平方公里，其中更充斥著沙漠和貧瘠山區以及死海，既缺水，又沒油，然而以色列在納斯達克上市企業的總數卻超過中、日、韓、印四國的總和，人均風險投資是美國的2.5倍、歐洲的30倍、中國的80倍。

以色列的傳統三強為「水技術」、「現代農業」、「軍事技術」，新三強則是「資訊技術」、「機器人」、「生物科技」，以色列的確是具創新與創業精神的國家，當之無愧。

突破創新障礙，直入無人競爭新境界

客觀事物是複雜的，而人的大腦思維是沿著一定方向、按照一定次序地思考，久而久之，就形成了一種慣性。遇到類似的問題或者表面上看起來相同的問題，就會不由自主地沿著上一次思考的方向或次序去解決，這就稱為「思維慣性」。

當人們多次以這種思維慣性來對待客觀事物，就會形成非常固定的思維模式，這就稱為「思維定勢」。「思維慣性」和「思維定勢」結合起來，就稱為「思維障礙」。「思維障礙」阻礙了我們解決問題的創造性，對於創新是非常不利的，我們要進行創新思維，就必須突破思維障礙。

創新的環境

創新的環境需要去塑造，去培養。在整個組織創新能力的培育上，領導者絕對扮演著相當關鍵的角色，整個創新環境的因素，又可分為外在的因素和內在的因素，如下說明：

一、影響創新環境的外在因素

1. 市場規模

（1）市場大，雖然承擔風險，但是回收較大。

（2）市場大，更容易複製成功的模式。

（3）激烈的競爭是不斷創新的動力，同時能吸引全球人才。

（4）市場大，更可以投入更多資源。

在大市場裡重複成功的模式，一是可以重複產品的模式，二是可以重複市場的模式。在一個小市場裡，雖然也可以重複，畢竟次數不多。

2. 產業基礎架構

高度競爭能刺激創新，區域聚落會加快創新的速度，分工整合可以讓創新更有焦點，並分散風險。使得形成臨界規模與創新更容易。

在這個垂直整合的時代，產業結構強調上、下游完整，一般企業無法做到這些，因此控制在少數公司手裡。而分工整合的時代，只要掌握關鍵，能有效地供應，就稱得上完整。

3. 資本市場

創投公司鼓勵更多的創新，因為創投公司具有投資風險，需要分散資金，而創投基金與管理可培育新計畫，進一步成為成功的企業。

而公開上市（IPO）或合併併購（M&A）便成為創新的激勵目標，利用資本市場來衡量創新成果的回報。

4. 智慧財產保護

關於智慧財產的保護，必須鼓勵及保護智慧財產權，此具有創業精神。同時，決策與財務會計需要透明化，並且要能擁有所有權及控制權，能進行智慧財產的保護教育。

5. 社會文化

整體社會的風氣與文化，也會對創新的程度帶來關鍵性的影響。

二、影響創新環境的內在因素

1. 企業文化

（1）授權、自立。

（2）容忍失敗。

（3）企業民主。

（4）不鼓勵「人有我有」的作法。

創新同樣也需要在一個紀律的基本原則下實行創新，否則就等於只是做做不負責任的夢而已。

2. 組織架構及激勵制度

（1）網路型組織。

（2）虛擬夢幻團隊。

（3）學習型組織。

（4）領導者的領導風格。

（5）員工入股與激勵。

我們無法擔心企業累積的知識與經驗外流，因為無從擔心。我們須從第一天就講求「團隊」，並且不斷地透過知識和經驗的累積，建立起「競爭障礙」。如果不是在一個不留一手的環境裡，就無從進行。因此，與其要避免企業累積的知識和經驗外流，更重要的是要不斷地提升自我的經營層次。

3. 學習文化與人力資源的開發

（1）管理創新多於科技創新。

（2）鼓勵及邀請員工入股。

（3）分散式管理，鼓勵創新。

（4）主從架構的組織。

（5）網際網路型組織。

（6）內部創業系統。

4. 領導風格

（1）創新始於創意思考。

（2）逆向思考是創意的起源。

（3）由有經驗的會議主持人主持腦力激盪。

（4）領導者容忍瘋狂的點子。

（5）企業真正民主的文化，有益於創意。

社會教育比學校教育對創新有著更大的影響，此外，北美市場是科技與創新的根據地，中國潛在市場將有助臺灣成為全球價值創新的領導者。

臺灣的創投與資本市場使臺灣免受亞洲經濟危機的重大衝擊，在分工整合的產業趨勢中，臺灣中小企業的文化對於創新價值較有利，然而亞洲價值對創新不利，亞洲需要培育軟性、創新的文化。

妨害快速革新的七種致命過失

美國專利局董事查理斯．杜爾（Charles Duell）曾說：「所有能被發明的，都已被發明出來了。」

如果以前的人認為如此，那麼未來就將不會再有新的發明，如果每個人都是如此的思維，那就糟糕了，未來將沒有新東西會被創造出來，將沒有任何新價值的出現。除了這種態度，還有什麼是會妨害快速革新的致命過失呢？

一、我OK，你OK

這種態度是堅持每一個人都沒問題，這將使得企業在激烈的競爭戰中產生失敗終點的怠惰。然而索尼（SONY）創辦人盛田昭夫的觀點卻是「我們還有問題，我們永遠不會沒問題！」

「我OK，你OK」是扼殺創新與行動的第一步，你相信它越久，你的事業會失敗，工廠會倒閉，這絕不會成為一個每一個人都OK的結局。

二、最佳方法

有些最佳方法只會阻礙員工創新和自我督導的快速行動。科學管理之父泰勒（Frederick Winslow Taylor）說：「『高價值人員』只做那些他們被告知的事，而且沒有異議。」與此意見成對比的是本田汽車創始人本田宗一郎對於「職工的天賦」所得的信念——「別宣誓忠誠，為自己工作」。

泰勒主義讓員工永遠具有劃一性，然而本田主義卻能讓你於1年內有6萬件的員工提案，那麼是誰最能發掘員工的生產力？

三、缺乏市場感

當一個企業對顧客及競爭者來說，是那麼遙不可及時，你不得不懷疑它如何能有新產品的創意與徹底改善服務品質的構想產生。

這並不是說管理人員就得在寒酸狹隘的地方工作，但是將決策者與堂皇的官僚組織孤立在華麗的處所也不對，拉近距離是絕對必要的。

四、中央集權

企業的獨創性與速度，和其流程所需的「審核員」、「批准人」以及「決策者」的數目，是成反比的。

五、樹林裡的實驗室（研究發展部門的大霹靂論）

你要是看到一家企業將大型研發實驗室設置在樹林中，那麼他們在創新方面一定有著大問題。

歷史的教訓未能打斷企業插上一腳的企圖，在這樣虛假的前提之下，開始了「研究發展部門的大霹靂理論」，對企業的創新育作計畫的時代來臨了。

六、行銷接管大局

行銷改革者努力地嘗試，可是不管是汽車擾流板或是罐頭禮貌，行銷式的改革都和林中的實驗室有著同樣的缺點，行銷與研發都做了商業人工機能化的俘虜。分離產品與顧客的革新給了我們太多的專家，卻沒能產生幾位全能藝匠。企業人必須互相支援，一起做出顧客真正需要的改進。

七、高級管理階層的獨立

無論理由為何，一旦企業高階人員中止實行及鼓勵快速革新，官僚形式與推拖拉的動作就不遠了，一名孤立的資深管理人員可以讓諸多迅速創新的企業開倒車。

創新行銷，打造21世紀行銷系統

「創新」是對傳統的叛逆，是打破常規的哲學，是大智大勇的同義詞，是具有新穎性和創造性的想法，更重要的是人們行銷與處理客戶關係的神兵利器。

微軟創辦人比爾．蓋茲（Bill Gates）曾說：「在個人電腦這個行業，創新就是成功之路。」

美國作家馬克．吐溫（Mark Twain）曾說：「想出新點子的人，在他的點子沒有成功之前，人家總說他是異想天開。」

什麼是創新行銷？

「創新行銷」是指將創新理論運用到市場行銷的重點新作法，包括了：行銷觀念創新、行銷產品創新、行銷組織創新和行銷技術創新。

21世紀行銷的特點

當今21世紀的行銷特色如下：

1. 全球化、國際化趨勢加劇。

2. 環保及經商規則更加嚴格。

3. 以改善生活品質為目標。

4. 市場更趨離散，用戶要求多樣化。

5. 資訊技術將扮演越來越重要的角色。

一家創新的公司很少有答案，但卻時常發問。再進一步來說，通常問好問題，需要有3個關鍵：

1. 如果要跟上進度，你必須問正確的問題。

2. 如果要超過進度，你必須為正確的問題找出正確的答案。

3. 如果要維持領先，你必須在正確時間，為正確的問題找出正確的答案。

一般性的市場創新手法

以市場定義為起點的運作所衍生出的新產品，其實只是將既有產品與服務加以變化，如下說明：

一、以模組化為主的創新

包含將特定產品或服務在任何基本特性上做增減變化，我們主要談的是產品的功能或實體特性。

例如，將果汁混合口味，像是柳橙汁加上芭樂汁，就產生了新口味的果汁，這就是在「產品特性」上做變化（仍然是果汁）；一般的水則可以藉由添加鈉、鉀離子變成功能性飲料，如奧利多、舒跑等等。

又如，銀行服務原本都要去銀行才可進行，但是現在也能夠利用網路銀行做轉帳、匯款等動作，除了不能存取現金以外，銀行整體的服務方式也已經改變。

二、以大小為主的創新

以大小為主的創新並不改變什麼，只是利用改變產品或服務的數量來推出新產品上市。

例如，可口可樂有罐裝、寶特瓶裝等各種不同的包裝，在飛機上還有一種小包裝的可樂，一般的容量為375ML，在飛機上則變成100ML、200ML的大小左右。透過改變包裝，可以吸引到不同的族群。

例如，洋芋片有一袋包裝的，也有筒裝的；以前的網路是以多少流量來賺錢，現在則是吃到飽取向，甚至是免費的；以前是買一個機器設備，再慢慢維修，現在則是買機器設備免費，廠商靠維修來賺錢，這些都是可能的創新方式。

三、以包裝為主的創新

產品的包裝方式能改變產品或服務的利益、功能或消費的場合。

舉例來說，一般銀行的營業時間通常是到下午3點半，但是中國信託銀行的營業時間是到5點，營業時間長，就能改變帶給顧客的利益；又如金莎巧克力在每次的情人節都提供多種包裝，如此就能滿足顧客的不同需求；台鐵便當強調傳統的家鄉味菜色，高鐵便當則是強調有機、健康、養生的路線，份量較少，但對健康有益。

四、以設計為主的創新

以設計為主的創新是指在容器、包裝及大小上都相同，但在設計或外觀上做修改的產品。

例如，手錶本身只是一支手錶，但是若能加上一些新功能，如蘋果手錶可以上網、打電話、看氣象、收發郵件等等，外觀上其實和一般的手錶差不多，但是在設計、結構、內容上做一些修正，就能產生改變；有很多車子其實外型上看來也差不多，但卻是從柴油車變成電動車，在動能方向上做改變，這就是以設計為主的創新。

五、以互補發展為主的創新

以互補發展為主的創新，牽涉到在基本產品上添加一些成分，以求變化、創新。

例如，一般的護手霜可以加上各種不同香味（如果香、花香），讓產品感覺變得不太一樣；又如，一般的保養品幾乎都有防腐劑的成份，但是Fancl這個品牌就強調他們的產品不含刺激、過敏的成份，適合皮膚敏感的顧客，這就是以互補發展為主的創新。

六、以減少顧客心力為主的創新

當人們在購買產品或服務的同時，都必須耗費一些心力，這也是一項成本。

那麼，以減少消費者在購買流程中所付出的心力的創新，包含的並不是調整產品或服務，而是調整採購時所需要的心力和風險。例如，增加導購人員，當顧客回答一些基本問題之後，導購人員就可以引導顧客買到最適合他自己的產品，不用花費時間和力氣在尋找商品上。

突破性的市場創新手法

21世紀以來，經濟的發展使得不同的創新模式，如「突破性技術創新」或者「破壞性創新」、「革命性創新」日益引起人們的關注。

「突破性技術創新」表現為技術發展路徑上的「另闢蹊徑」，以及對原有技術的替代和跨越。統計表明，美國技術創新有78%為首創或技術突破型，突破性創新已經成為企業競爭與國家發展的基石。

一、科技成為創意核心

從坎城國際創意節（Cannes Lions）的概況來看，我們能看出科技已經成為了創意核心。

資料的流行讓人們看到了更多的想法和管道，科技和媒體公司這些行業新貴的加入，形成了更加完整和全面的廣告業生態圈，讓不少的品牌商和公司紛紛改弦易轍，投向科技的懷抱。

科技、資料、內容紛紛成為了廣告的主要組成部分，同時科技為創意提供了更多選擇和更優質的體驗，當用戶感受著這些不一樣的科技體驗時，用戶的互動程度也自然地更高了，品牌也能在社交媒體上得到更廣泛的分享和傳播。

案例為：零卡可樂，一支「可以喝的」廣告。

這是廣告界第一支「可以喝的」廣告，當顧客在電視上或者戶外看見這支零卡可樂的廣告，只要打開手機參與互動，就能真的「喝到」可樂！這種神奇的廣告是如何設置的？

廣告中展現出的動作是：可樂逐漸填滿寫成「Coca Cola」字樣的吸管，當那些褐色液體逐漸填滿吸管時，只要打開手機上對應的應用程式，就能看到廣告中的可樂傾倒入手機的畫面，當手機中的可樂杯被倒滿時，顧客就能免費獲得一張零卡可樂的優惠券，可以購買零卡可樂飲用。

二、視覺行銷的新寵兒：Cinemagraph和Emoji

視覺行銷早已不是新鮮詞彙，品牌主和廣告商們早已擅長用圖片、影片或者資訊圖像這些視覺化內容，使品牌在社交媒體上的曝光量得以提高，令目標受眾對品牌產生更深刻的印象。而Cinemagraph和Emoji可以稱得上是視覺行銷的後起之秀。

Cinemagraph的特點在於為了突出某個局部特色，在一張靜止的圖片中，能讓局部「動」起來。其優雅迷人的風格受到了許多精品品牌和時尚品牌的鍾愛。而Emoji在社交網路上極為活躍的身影讓眾多品牌和代理商看到了其帶來的潛力和無限商機。Emoji行銷是眾多品牌為了貼合年輕人的喜好，將行銷變得更有趣的手段之一。

案例為：奧美為宜家家居（IKEA）打造Cinemagraph，表現出精緻典雅的廚房生活。

2016年，宜家家居的傢俱指南主題是「從細微處感受生活」，此主題側重在廚房發生、與美食有關的生活。為了繼續推進廚房主題，奧美紐約為宜家家居打造了「Together,We Eat」的行銷戰役，拍攝了來自單親素食家庭、拉丁美洲家庭等的廚房生活，想透過不同組成人物的家庭晚餐來證明自己的產品適合所有人。

三、互動技術漸趨流行

從2015年年初的奇幻咔咔熊開始（註：奇幻咔咔熊是中國微博和微信朋友圈上非常火紅的一款奇幻手機APP，可以讓3D小熊站在手機上跳舞）人們慢慢感受到「AR」（Augmented Reality，增強現實）、「VR」（Virtual Reality，虛擬實境）技術在中國的行銷領域初露鋒芒。其實AR、VR在國外已不是什麼新鮮事，很早就在汽車、時裝、遊戲產業中得到廣泛的應用。

AR、VR技術在行銷領域裡以新鮮有趣的方式給予用戶全新的科技嘗試，被許多品牌運用到數字行銷實際的應用場景中，給人們創造出許多奇妙和驚喜的瞬間。然而技術雖重要，該如何更加巧妙地將創意融合其中，並且完善體驗，才能更好地被用戶買單。

案例為：Dior店內將設置虛擬實境頭盔，名稱為「Dior Eyes」。

法國Dior時裝店推出了一款名為「Dior Eyes」的虛擬實境穿戴，樣子很像「Oculus Rift」虛擬實境遊戲的穿戴頭盔，這個VR頭盔是專門設計給想看看時裝秀後臺的人所準備的，能身臨其境地在時裝秀後臺看看，「近距離」圍觀造型師是如何化妝，而模特兒們在登上伸展台之前又在做些什麼。「Dior Eyes」的技術外援包括了法國DigitasLBi實驗室和三星。

四、擔起更多社會責任的品牌：「善行銷」

2015年坎城創意節的全場大獎由創意廣告公司Grey London為Volvo創作的作品「LIFEPAINT」安全反光噴劑獲得。評委會主席JWT全球首席創意官Matt Eastwood表示，「LIFEPAINT」不僅有創意，並且對社會化有積極影響。

的確，越來越多的企業開始行善、關注環保與慈善公益，將關注力放在社群及整個社會背景下的問題，發現問題，並為人們解決問題。

不僅如此，品牌的「善行銷」還巧妙地結合了科技，使科技與人文關懷完美契合。其中，讓消費者參與善舉的「善行銷」，不僅讓消費者能從曬「善舉」中獲得滿足感，也能為品牌帶來社會公益方面的聲譽。

案例為：Volvo「Lifepaint」安全反光噴劑。

在英國，Volvo為了保護騎自行車的人在夜幕下的人身安全，推出了「LIFEPAINT」，用戶噴在衣服和自行車上後，人和車都會呈現出銀色，此大大提高了自行車者夜間騎車的安全。

對於Volvo，大家的印象是「品質」、「安全」、「環保」。這次跨界推出「LIFEPAINT」，幫助處於弱勢地位的夜行者，成功打破品牌在消費者心目中的刻板印象，其根本在於Volvo對消費者的人性化關懷。

五、跨界行銷

跨界行銷在行銷界已不是什麼新鮮名詞，許多品牌之間經常針對同一檔次的目標消費者，即「共有消費群」，聯合舉辦一次行銷活動。看似風馬牛不相及的產品透過跨界行銷，將各自已確立的市場人氣和品牌內蘊，相互轉移到對方品牌身上，就能實現雙贏，產生品牌相乘效應。

在跨界行銷，Uber可以說是玩得最為風生水起的品牌，創意行銷更是層出不窮，花樣百出。

案例為：淘寶，一次跨界的線上時裝周。

在年輕人越來越注意與引領時尚與消費趨勢的時代，淘寶為擴大在年輕群體，尤其是90後的注意度，讓品牌更加年輕化，將其活動升級為「淘寶新勢力周」，淘寶在一周內集結了10萬家店鋪，並在線發布60餘萬件新品，打造了一場互聯網的時裝周。

作為與「天貓」在品牌價值上有差異化的平臺，此次戰役以「新勢力，獨立上身」為活動slogan，提出「每個年輕人都該有一張獨立的面孔」，以此展現淘寶品牌獨立、個性的態度。

六、娛樂行銷盛行

中國已進入全民娛樂時代，品牌的絕大部分預算都轉投入了娛樂內容，代言人的廣泛使用已經成為非常普遍的現象，被稱為代言狂魔的中國男歌手李易峰，其已經代言了將近40個品牌，或許這就是一個「粉絲經濟」的時代。

特別是以女性使用者為主要目標的互聯網產品，也爭先恐後地邀請明星作為代言人，並且這些明星都還是當紅的「小鮮肉」，例如，代言楚楚街的井柏然；代言蘑菇街的李易峰，以及代言達令的鹿晗。這些廣告都是起用光鮮亮麗的小鮮肉為產品代言，實際上也是一場具有交叉競爭關係的產品之間搶奪使用者的商業戰爭。

案例為：「OPPO」你是我的喋喋 phone。

OPPO邀請中國國民男神李易峰化身為「R7 喋喋 phone」，主演具有韓劇風格的網路微戲劇《我是你的喋喋 phone》，戲劇中所塑造的「喋喋 phone」是一部可化成人形的手機，而化身為暖男的「喋喋 phone」聰明兼具智慧、體貼、傲嬌，無疑大獲粉絲青睞。

劇中將「OPPO」的「閃充」（OPPO的快速充電技術）擬人化，並透過「充電5分鐘，通話2小時」的廣告Slogan，將情景化為「閃充5分鐘，戀愛2小時」的故事主題表現出來，大獲成功。

七、公司即媒體

越來越多的公司開始著力於內容行銷，並積極樹立自己是一家媒體公司的形象。的確，媒體戰略換言之，推動優質內容的戰略對一個公司而言至關重要，新聞和內容充當著為網站導入流量的重要角色，是增加用戶黏著性、提高平臺活躍度，以及吸引廣告主的法寶。

對某些公司而言，創造自己的內容也給予了品牌一種全新的創收模式，從創造內容、分享內容，最終能透過內容變現。環顧四周，GoPro、蘋果、FACEBOOK等科技界的大老都紛紛發力開墾「媒體」，科技公司進軍媒體業似乎成為了一種新趨勢。

案例為：蘋果推出新聞聚合應用「Apple News」。

蘋果於2015年WWDC（蘋果全球開發者大會）推出新聞聚合應用程式「Apple News」，此款應用可以向使用者展示來自內容發布商的新聞，例如：《紐約時報》、《Wired》和《BuzzFeed》，類似於Flipboard應用。此款應用的「賣點」就是能夠對從內容發布商那裡抓取的新聞來源進行重新排版、過濾，並能夠為使用者提供智慧推薦服務。

現在，蘋果公司正計畫組建一個新聞工作室，想將這款應用程式打造的更為「人性化」。據蘋果公司發布的最新招聘廣告，蘋果計畫為其「Apple News」應用尋覓資深新聞編輯，並成立了全新的新聞部門「Apple News」，由此可知媒體即公司的趨勢。

NOTE

臉書粉絲團
林偉賢老師

ENTREPRENEURSHIP
REVOLUTION

用制度來讓員工痛苦的領導人，

他因為不瞭解人性，所以滿足不了人欲，就不可能獲得人心。

人們只有擁有共同的利益才會更好，

在團隊裡須先求共同的利益，這是基本觀念，

因為「只有我照顧到你的需求，你才會照顧到我的需要。」

Chapter 3

[模塊三]
管理模式的革命

ENTREPRENEURSHIP
REVOLUTION

- 文化的力量：打造企業共同語言
- 頂層設計：各類型企業股權結構模式設計
- 把人留下：股權激勵方案設計六大要素
- 把心留下：打造合夥人文化
- 把經驗留下：系統建立自動運轉

文化的力量：打造企業共同語言

當我們將社會發展的趨勢掌握清楚，思維上也做了改變，接下來就需要打造一個好的團隊。

馬雲於1999年建構他的團隊的時候，只有18個人，公司就在杭州西湖邊，他們當時就已經將股權、激勵配置，許多該有的原則、作法、公司的使命、願景等都設立清楚，因此團隊才有辦法真正地往前邁進，進而在在17年後的現在，打造出一個世界級的商業帝國。

一個好的團隊的管理如果能落實得好，彼此就能上下一同，創造出真正的價值。因為許多企業最大的問題在於，一是老闆習慣自己一個人單打獨鬥，他沒有團隊；二是老闆可能業務出身，很會銷售，但是他不會管理。因此企業經常落入到一個人做還可以，但是一群人做就做不好的情況。

一個人的時候可以賺到錢，但是當老闆以後就開始賠錢，為什麼？因為一個人靠自己時，是拿公司薪水、獎金的，但是當自己真的去領導一個大團隊的時候，因為沒有管理、沒有制度、沒有系統，如果雇用的人越多，反而會帶來越多麻煩，因為他不知道該如何管理。

因此，「管理」必然成為重要的方向，是每個人都需要去面對的議題。

什麼是管理模式？

「管理模式」指的是從特定的管理理念出發，在管理過程中固化下來的一套作業系統，可以用公式表述為：

管理模式的硬體＝管理理念＋系統結構＋操作方法。

管理模式運行的條件是什麼？

一個團隊要透過人，組成一個高素質的隊伍；要透過制度，運行一個高效的團隊；要透過創新，使團隊更完善和升級。在這個過程中，團隊的形成和領導者的誕生是非常重要的。

優秀的管理模式在於管理模式硬體與管理模式軟體，雙方面都要能夠真正的契合。也就是**管理模式的軟體＝人＋制度＋創新**。在實行的過程中，首先需要運用「文化的力量」。

「管理」不能只是依賴機制或者不知變通的規定，而是需要更多文化的力量。因此，企業共同語言的打造很重要，就像我在《我愛錢，更愛你》一書中所談到的：企業需要一個完整的「水果杯」，水果杯裡有七種元素非常重要，分別是「說事實」、「愛」、「信任」、「喜樂」、「勇氣」、「廉正」與「負責任」，任何一個團隊的形成都需要這七種力量。

一個團隊如果是「說事實」的團隊、充滿「愛」的團隊、值得「信任」的團隊、「喜樂」的團隊、可以激發「勇氣」的團隊、「廉正」並堅持到底的團隊、「負責任」的團隊，那麼這就是最好的團隊。

這種團隊的管理就像「慈濟」，「慈濟」是讓每個人看到他們都會說「感恩」的組織，他們「以佛心為己心，以師志為己志」，在任何事情上都會思考到「這是不是佛心？」、「這是不是師志？」自然而然地就不需要許多規章來規範，整個團隊便能非常地有序，所以「文化」是很重要的，它是屬於軟性的部分。

企業文化是企業的一種做事方式，是一種心理合力，是一種氛圍，更是一種監督力、約束力，表現出來的就是企業的外在形象與企業員工的一言一行。

如果將企業當成是一部轎車，那麼「基層員工」就是輪子，企業的「文化」、「系統」和「商業模式」就是發動機，支撐車子的架子就是團隊的「中層幹部」，而方向盤、油門和開車就是「高層決策者」要做的事情。

然而現在的新企業家不只要做好自己的企業，還要能顧好自己的家庭，因為：**新企業「家」＝家庭是全世界最重要的企業。**

一個好的企業家，他一定要能以身作則、身體力行。每一個員工在公司工作，最後都會回到社會上最小的一個單位，就是「家」。當員工回到自己的家時，他看到自己的老闆所展露出來的生活態度與所有狀態，就會想像他努力就是為了未來要達到這樣的結果。

如果一個企業可以真的將自己的員工都當成自己的家人，不僅在公司是家人，回到家也是家人，那麼員工他因為跟老闆是一家人，他不會只看到薪水、看到福利、看到報酬，因為是一家人，他便會認為這是「我們家」的事。

因此，對企業家來說，第一、先顧好企業這個「大的家」；第二、顧好家裡這個「小的家」。一個員工要能有長期的發展，一定是他除了在「企業」這個家可以得到好的發揮之外，他的所得、他的回報、他的回饋也能夠讓他支撐起他生活的那個「真實的家」，他才能有辦法全力以赴地工作。

當你關心員工、帶領員工的時候，並不是只有關心他在工作上的績效好不好、業績是否有達標等等，有時工作上的績效沒能達到，原因可能是最近經常遲到，也可能是家人生病，如果你可以關懷到每個員工就像關懷自己的家人，那麼其實員工也會將公司當成自己的家。

如果老闆能將員工的家當作自己的家，將員工的家人當作自己的家人，那麼相對地，員工就會願意將公司當作自己的家，將老闆當作自己的家人。朋友之間可能還會互有傷害，然而家人卻永遠是你最大的後盾，因此，要從「家」的角度來看一切。

經商也是一樣，也要講究平衡性、和諧性，只有那些能很好地兼顧事業和家庭的企業家，才能夠被稱為真正成功的「新企業家」。

當我們要做一件事情時，需要「天時」、「地利」、「人和」。怎麼說呢？「天時」就是客戶，「地利」就是產品，「人和」就是團隊，如下圖所示：

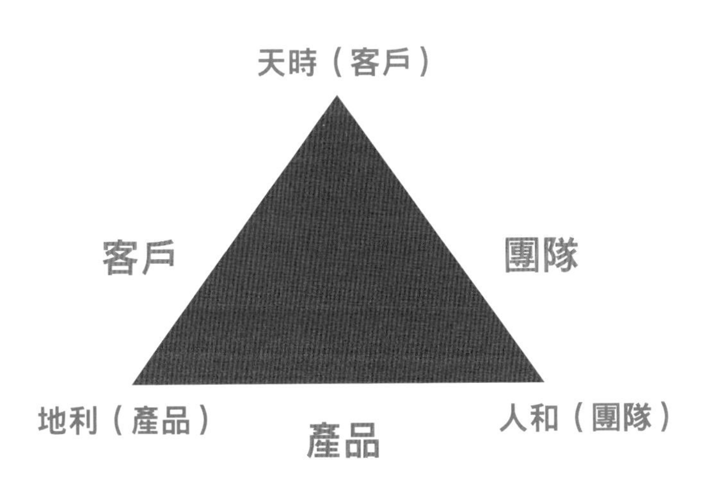

天時、地利、人和

又如下圖的「王」這個字，上面一橫是「天」，中間一橫是「人」，底層一橫是「地」。如果將上面一橫去掉，就變成了「土」，只能入土為安；中間一橫去掉，變成「工」，等於做白工；下方一橫去掉，變成「幹」，只有擁有「天時」、「地利」、「人和」才能成為「王」，因此三方面一定要做到。

又如上圖的「企」這個字可以告訴我們什麼呢？列舉如下：

1. 做好企業，首先要瞭解人，做到洞悉人性，滿足人欲，之後才能獲取人心。企業只為部分人服務，讓顧客和員工持續不斷地跟隨，幫助更多的顧客和員工，就一定會成功。

2. 一個企業有「人」，才能稱為企業。

3. 人道無窮，品質高。

4. 企業的組成就是「人」，企業如果沒有「人」，就變成了「止業」，所以有人，才有企業，企業才能做好。

5. 老闆無法一個人做全部的事，因此老闆要下放權利，要讓員工有立場。老闆服務好員工，員工才能服務好客戶，客戶也才能回饋好老闆，而老闆要定好框架，因為公司最大的財產是員工的智慧，員工在公司的體系裡，他的每一個小想法都應該獲得一個鼓勵的空間；每一個對公司團隊來說有做好、做對、做大的事情，就應該給他一定程度的獎勵，他才能夠持續地鼓勵這個團隊具有不斷往上走的一個激勵機制存在。例如，餐飲業出新菜，沒有獎懲機制就不行。

6. 人性是自私的，老闆能不能滿足員工自私的需求。

7. 員工需要的是名和利，老闆能不能滿足員工名和利的需求。

8. 企業只為部分人服務，讓客戶和員工持續不斷地跟隨，說服客戶和員工，你就能成功。

佔便宜的精髓

你能成功，是因為大多數人希望你成功，那麼大多數人為什麼希望你成功？這是因為可以從你身上得到利益，你的成功可以給他帶來幫助。因此，別人能從你身上獲得多少利益，你就能獲得多少幫助；你能幫助別人省多少錢，你就能賺多少錢，所以你要能「放長線，釣大魚」。

思考一下，你能讓人佔多少便宜呢？聰明的人喜歡讓人佔便宜，而笨的人則喜歡佔別人便宜。你創造多大的價值，才能讓別人佔到更大的便宜；你把錢給誰賺，誰就希望你成功。

也就是說，**「大捨大得，小捨小得，不捨不得」**，這就是「商道」！

有智慧的人都喜歡被別人利用，一個真正的高手會想方設法地創造出共同利益。舉例來說，你能夠為客戶創造出更大的價值，客戶會想「我花1百元，卻買到5百元的價值」，客戶當然就願意留在你的身邊；員工工作也是一樣，你把錢給誰賺，誰就會希望你成功。所以，你給員工更多的獎金、更多的報酬、更多的回饋，員工就會想「只要我把事情做好了，我就能有更多的回報」，那麼他當然就希望把事情做好，公司能發展得好，他自己就能得到更大的利益。

因此，不要認為佔便宜是錯的，其實吃虧真的就是佔便宜。如果老闆自己不吃虧，老闆讓員工吃虧，那麼員工就會讓客戶吃虧，客戶就會來讓老闆吃虧。當每個人都願意主動去照顧更多人的時候，也才能發揮更大的價值。

在這裡我們用三角形來剖析與定位公司：

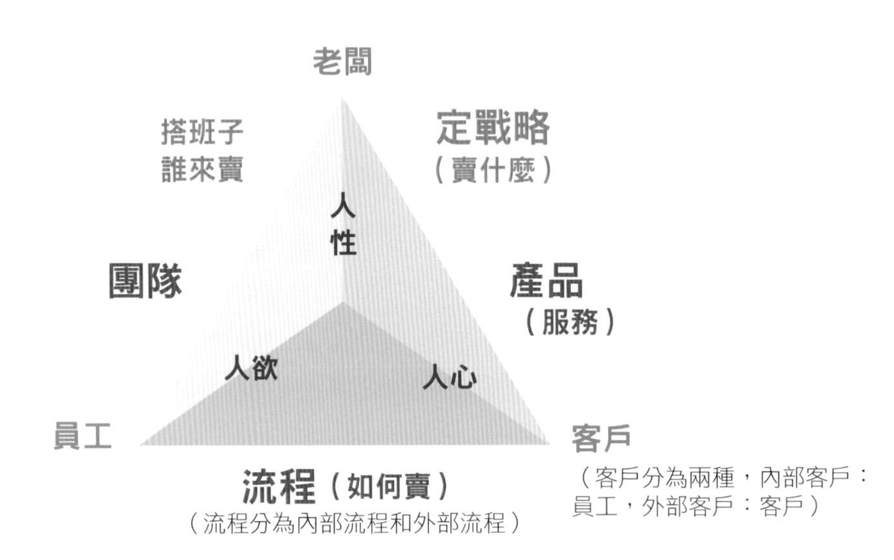

用三角形來剖析、定位公司

企業要解決人的問題，最重要的是老闆的問題

為什麼這裡談到「把人做好」很重要呢？

舉例來說，如果你想讓業績倍增，那麼要如何讓業績倍增呢？（記住，不能用數字來計算的都是夢想，用數字實現的才是目標）。

假設1年的營業額是4千萬元，今年要如何賺到1億元呢？是不是就必須要多付出2.5倍的努力？有幾種作法如下：

一、從產品入手

假設產品價格為1萬元，原本1年業績目標4千萬元，但是目標要到1億元。方法一是：增加2.5個產品；方法二是：將價格提高2.5倍（變成2.5萬元）。

二、從客戶入手

4千個客戶，1年能賺4千萬元，平均1人賺1萬元，如果目標要賺到1億元，就等於要服務好1萬個客戶。

三、從團隊入手

假設團隊是60個人，1年能賺4千萬元，平均1人賺66.6萬元至7萬元，如果目標要賺到1億元，團隊的人數得增加到150人（60個人乘以2.5倍的人力）。

然而，有時候你想要提高產品的價格並非那麼容易；你想要增加客戶的數量，靠你的團隊也不一定能做到。但是如果你有一個好的團隊系統，可以吸引更多人加入這個團隊，你就可以將它組織成60人的團隊，每個人負責教會1個人，那麼不就變成了120人的團隊嗎？有效的團隊人數增加，就可以達到這樣的數字。

只要想到自己1年須服務幾個客戶，就比想到要賺1億元容易，從三個維度去想要如何賺到錢，會比一個維度去想要來得更容易。

因此，我特別強調建立團隊是相當重要的，當然，你的產品要好，客戶也要好，團隊也要有足夠的人數支撐，更要有足夠好的管理來提升才行。

做企業，就是做人的工作

做企業，其實就是做人的工作。有永遠的利益，就有永遠的關係，而朋友有永遠的關係，才會產生永遠的生意，也就等同於永遠的利益，如下頁圖所示為「企業的本質」：

持續提供有價值的產品或服務

滿足客戶需求

利潤獲得

利潤分享
員工　經營者股東
稅金　公益　再投資

企業本質

事實上，如果你將一群人照顧好了，就能產生利益，將利益照顧好，就有情義，而企業的本質就是如此，如果我們願意將經營的利潤分享給員工、股東，那麼這些員工變得更有價值，他們就會更投入、更積極、更有效能，自然而然就可以生產出更好的產品來滿足更多的客戶。而客戶被滿足了，他就願意出高價來購買你的東西，你的利潤也就可以被顧及到了。因此，把人照顧好是真正的基本關鍵。

團隊之間要相互依賴，就如前述提到的水果杯法則，一個公司團隊若有好的制度、好的規則，那麼水果杯裡的各種水果便可以在同樣的制度、規則之下，一起創造效益。一個好的團隊，外在要有明確的遊戲規則，內在要有足夠的愛與支持，才會是一個有效益的團隊，因為沒有人可以靠自己完成任何事情。

當唐僧前往西方取經時，他的團隊也是互補型的團隊，如果整個團隊的隊員都是唐僧，那麼早就被妖怪吃掉了；如果隊員都是孫悟空，那麼就全跑去花果山當猴王了；如果隊員都是豬八戒，那麼早就都留在高老莊娶媳婦了；如果隊員都是沙悟淨，那麼早就都跑去當水怪了。因此，團隊本就該找到不同角色的人，來共同形成一個好的價值。

在團隊裡，須先求共同的利益

如果你沒有將企業管理好，有時就會出現一些問題，例如：員工會有「立場不定」、「動力不足」、「能力不行」的情況，真把這些都處理好了，一個團隊終於成形的時候，除了要懂得運用「利益驅動」，給予員工適當的利益之外，還要懂得「優勝劣汰」，否則會讓不好的份子長期潛伏在團隊裡，造成很大的負面影響。此外，你還需要「誠信契約」，也就是說，公司要的是一個誠心的人，而不是只是一個能力很強的人。

「經營」靠的是「理念」，而「賺錢」靠的是「管理」，我們可以用理念來經營，但是要賺錢，就得要將管理做好，而管理靠的是制度，制度要靠的則是領導。

一個領導人要訂立良好的制度，才能做好管理，而管理做好，才能夠賺到錢，也才能夠經營得好。簡而言之，道理就是「經營靠理念，賺錢靠管理，管理靠制度，制度靠領導」。

用制度來讓員工痛苦的領導人，他因為不瞭解人性，所以滿足不了人欲，就不可能獲得人心。人們只有擁有共同的利益才會更好，在團隊裡我們須先求共同的利益，這是基本觀念，因為「只有我照顧到你的個人需求，你才會照顧到我的需要」。

老闆要「懂五分」、「懂人性」

作為一個企業老闆時，需要自問：「員工跟著我，能得到什麼（物質）？物質上能不能滿足？」、「員工跟著我，能學到什麼（成長）？他有沒有在成長？」、「員工跟著我的前景是什麼（精神）？未來是什麼？」員工要能在精神方面有所提升。

而作為老闆最大的能力是「學會使用別人能力」的能力，老闆在專業上可以讓員工超過自己，但是在境界上一定要比員工更高深，才能關注到員工沒有看到的方向，而員工的專業優秀，他就能在實際的工作上做出一定的成績。

一個老闆的工作在於：懂得「分責任」、「分權力」、「分錢」、「分心」與「分身」。

「分責任」即是每個人的責任要到位，不同的員工有其承擔的不同責任，才能將事情有系統地並負責任地將它做好；「分權力」即是老闆不能夠只要員工辦事，卻不授權給他，老闆在給員工「責任」的同時，要能給他「權力」，你不能只要他負責，卻不給他權力去辦事。以及，老闆要能願意「分錢」，如果一件事情因為員工的表現而創造出高績效，那麼他當然可以獲得大回報。

此外，要懂得「分心」、「分身」，即是老闆不能只是將事情放在一個部門等待處理，而是也要能將你的心意放在你所直屬領導、管理的相應部門上，在「心理」上願意實際地去關心他們，身體上則願意實際去「走動」，因為有時候老闆需要的是「走動管理」。例如，沃爾瑪百貨（Wal-Mart stores Inc.）的創辦人山姆．沃爾頓（Sam Walton），他幾乎每天都在不同的沃爾瑪百貨現場為員工做出最好的示範，要讓一個團隊感受到自己的領導人並非高高在上、遙不可及的，而是在身邊關心自己的。

我以前在金車教育基金會工作時，金車公司的事業已經很大，然而董事長李添財先生卻仍然會經常在部門之間走動，有時候只是聊聊天、打個招呼，員工就可能會覺得「哇，老闆有來招呼、關心我們這個部門」，因此「分心」、「分身」是需要去注意與實踐的部分。

此外，還要「懂人性」，而識別人性的方法就在於「三砸」，即是「砸時間」、「砸精力」與「砸金錢」。要將事情做好，你當然得砸下時間、精力與金錢，給他更多的陪伴，讓更多的能量聚集起來，並願意用更好的獎勵制度找到更好的人才，才能創造出更好的系統。

公司裡的四種人

我們都應藉由學習別人來放大自己的優點，將優點放大，系統就能打造完成。如此只要小投入，就能大產出，並能自動化運營。記得，多花時間在值得培養的人身上。

在公司裡，我們可以將員工分為四種人，如下圖示：

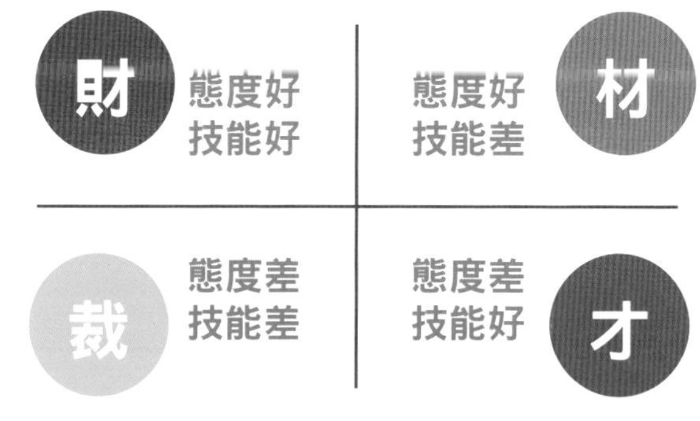

公司裡的四種人

有一種員工是態度好，技能也好，這是「財」；有一種員工是態度好，但是技能差，這是「材」；一種員工是態度很差，但是技能很好，這是「才」；更有一種員工是態度差，技能也差的，這是「裁」，也就是需要裁掉他。

最好的當然是找到態度好，技能也好的「財」型員工；態度好，但是技能差的「材」型員工，技能可以培養；態度很差，技能很好的「才」型員工，勉強為了這個階段，可以留下；然而態度差，技能也差的「裁」型員工，則是連考慮都不用考慮，直接裁退他。

看看「忠」這個字，是「一個中心」，而「患」則是「兩個中心」，所以，老闆應該做什麼樣的事情？如下頁圖示：

老闆應該去做那些最重要，可是不緊急的事。例如，公司的價值、文化、願景、未來三年至五年的規劃等等，都是表面上看起來非常不急，然而實際上卻非常重要的事。但是許多老闆的時間被浪費在處理很緊急，但是不重要的事。

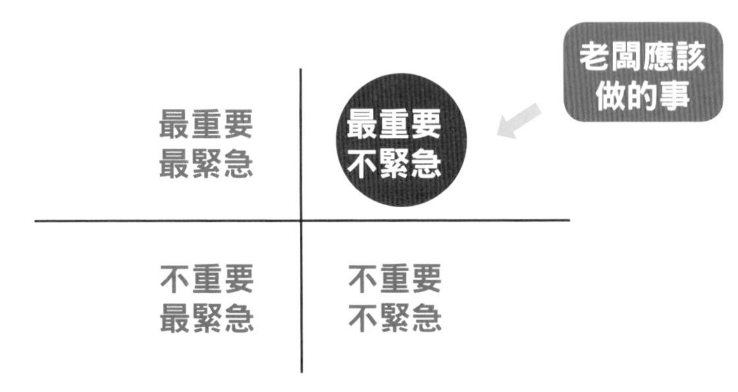

老闆應該做的事

一流的人在處理明天的事；二流的人在處理今天的事；三流的人在處理昨天的事。真正厲害的人已經將未來的事、明天的事、後天的事做好規劃了，那麼，請問你是幾流的人呢？

綜合效益的關鍵

就像我在《我愛錢，更愛你》一書中所提到的，有好的團隊便可以提升很大的綜合效應，而好的團隊要能做到1＋1＋1＞3的效果，其中有六個應該注意的地方：

一、主動積極的傾聽

團隊裡面的每個人都有一些不錯的意見，可能有某些想法或建議是可以改變團隊的，使團隊能發揮到更大的效果與作用，但是有時候卻因為這個人比較內向、不會主動地說出自己的看法，很可能一個原先可以改變團隊的想法，卻因為沒有被表達出來或者大家沒有去傾聽，這個想法就白白浪費了。因此，我們能要主動積極地傾聽。

二、相信堅定的直覺

團隊裡的資深員工在工作崗位上待比較久，當這些員工遇到問題時，他們的直覺反應通常是較準確的，可以作為參考。舉例來說，日本的防震技術較好，是因為日本很常發生地震，因此當發生地震的時候，你要聽一個日本人的話？還是聽一個馬來西亞人的話？當然是日本人，因為馬來西亞沒有地震。資深員工最大的財富之一，便是由過去多年經驗所累積而成的直覺反射。

三、愛與支持，說事實

一個好的團隊要能夠「愛與支持」、「說事實」，忠言會逆耳，因為良藥苦口，「說事實」當然很重要，但是要用「愛與支持」的態度來表達，對方才能接受。

四、保持適當的彈性

在一個團隊裡，每個人都必須保有一定的彈性，願意彼此包容，如此才有辦法獲得更大的結果，如果一件事完全沒得商量，那麼這個團隊就無法再進步。

五、同意所同意的事

當團隊裡的人一起談好了某件事，那麼每個人就一起去做，就算做了之後失敗了，沒關係，因為這是大家一起經歷的努力經驗，雖然沒有成功，但是也得到了革命情感。在團隊中最擔憂的是，大家說好要做了，但是一發生問題時，每個人都逃避了，並開始推諉責任的這種狀態。

六、給予相對的壓力

要能發揮一個團隊真正的效能，在時間、財務、空間上便可以給予一些壓力，有適當的壓力反而能激發出其做出相對更好的結果，這便是一個好的團隊的要件。

高效溝通六步驟

良好的管理是非常需要溝通的，而高效的溝通有以下六個步驟：

步驟一：事先準備

1. 積極聆聽

一個團隊裡一定要做到積極地聆聽，當我們在與別人溝通之前，心裡一定要有一個目標，明確自己希望透過這次溝通能達到什麼目的。

2. 制訂計畫

列出一個表格，將要達到的目的、溝通的主題與方式，以及時間、地點、對象等列舉出來。

3. 預測可能遇到的爭端和異議

根據具體情況，對其可能遇到的爭端和異議進行詳細的預測，並做一些適當的事前準備。

4. 對情況進行SWOT分析

明確雙方的優勢、劣勢，設立一個合理的目標，使優劣互補，使大家都能接受目標，以創造更大的價值。

因此，在與別人溝通面談時，首先要說：「**我這次與你溝通的目的是……**」先讓對方明確瞭解你的目的，才能增進效率。

步驟二：確認需求

我們要瞭解對方到底要什麼，如果你沒有辦法瞭解對方的需要，那麼你只是自言自語，根本沒有幫助。你需要：

1. 積極聆聽

要用心、用腦地去傾聽，要設身處地去傾聽，目的是瞭解對方的意思與想法。

2. 有效提問

透過提問，能更明確地瞭解對方的需求和目的。對某些不清楚的部分，針對共同的目的再做更多的提問。

3. 及時確認

在溝通的時候最大的問題是，你以為你聽懂了，或者你想「可能無所謂啦，就這樣子。」你以為你瞭解了，但是其實你並沒有真正的瞭解。

當你沒有聽清楚或者沒有理解時，就得及時溝通，一定要能完全理解對方所要表達的意思，才能做到有效溝通。

當確認需求時，聆聽是重要的，在聆聽上也有技巧：

積極聆聽的技巧

也就是，首先傾聽，然後才回應。例如：「好，我也是這樣認為的」、「不錯！」

接著是詢問問題，當你沒有聽清楚的時候，要及時提問。

你可以再重複對話的內容和歸納出其中的總結，最後則是表達感受，例如：「非常好，我也是這樣認為的」、「我也覺得不錯」。

其中，問問題有兩種問法：

一是封閉式問題，例如：「會議結束了嗎？」，我們只能回答：「結束了」或者「沒有」。

二是開放式問題，例如：「會議如何結束的？」，我們就能有多種回答。

我們要學會詢問開放式的問題，因為開放式問題能搜集到較多的資訊，例如，「我們應該做些什麼呢？」、「大家有沒有什麼看法呢？」、「為什麼大家要這麼做呢？」使用越多開放式問題，能搜集到的資訊越多。

而兩種類型問題的優劣比較，如下圖所示：

	優勢	劣勢
封閉式問題	可以節省時間、控制談話的氣氛。	不利於搜集資訊。
開放式問題	搜集資訊全面、談話氣氛輕鬆。	浪費時間，容易偏離主題。

兩種類型問題的優劣比較

此外，有幾種不利於搜集資訊的提問，例如，少問「為什麼？」你可以使用其他的話來代替，像是「你能不能說得更詳細一些？」；以及少問「帶引導性的問題」，像是「難道你認為這樣不對嗎？」這樣的問題會讓對方留下不好的印象；還有少問「多重問題」，如果你一口氣問了很多問題，對方通常不知道該從何回答起。

步驟三：闡述觀點

在表達觀點的時候，有一個非常重要的原則：「**FAB原則**」。

也就是從「Feature」（屬性）→「Advantage」（優勢）→「Benefit」（利益），依序來闡述。舉例來說：「你看我這沙發，真皮的。」（屬性）→「我的沙發非常柔軟。」（優勢）→「我坐上去之後覺得很舒服，脊椎會比較不疼。」（利益）。

因此，問問題的時候要闡述觀點，要將問題表達地清楚一點，就運用「FAB原則」。

步驟四：處理異議

在溝通時一定會遇到問題或者彼此的意見是衝突的，在遇到異議時，你可以採取一種「借力打力」的方法，這種方法並不是要你強行說服對方，而是用對方的觀點去說服對方自己。

例如，

Q：「我的收入少，所以沒有錢買保險。」

A：「就是因為你收入少才需要買保險，萬一發生問題，就可以從中獲得更多的保障。」

在溝通中遇到異議時，首先要瞭解對方的某些觀點，然後找出其中對你有利的地方，再順著這個觀點發揮下去，最終說服對方。

例如，

Q：「我這種身材，穿什麼都不好看。」

A：「就是因為這樣，你才需要有設計感的衣服來修飾你身材不好的地方。」

也就是說，對方的問題其實就是我們的優勢點、我們的產品可以滿足他的需求點。

步驟五：達成協議

當彼此的看法終於達成一致的時候，在達成協議時，我們要懂得「**感謝**」、「**讚美**」與「**慶祝**」。當你發現別人的支持，就表示感謝，對別人的結果，也表示感謝。你也願意與合作夥伴、同事分享成功，以及表達出來、並做更多的回報。你要能積極轉達外部的回饋意見，並對合作者的傑出工作給以回報，這是必要的。

因此，在溝通過程中一定要注意——是否完成了溝通，取決於最後是否達成了協定。

你是否有達成協議呢？若有達成，就要和對方說「非常感謝你」，

我們一定要用這樣的話來總結：**「非常感謝你，透過剛才的交流，我們現在終於達成了這樣的協議，你看這協議最後是這樣子是嗎？」**

讓彼此針對這個協議再做最後一次的確認。

步驟六：共同實現

在實際工作中，任何溝通的結果都不是溝通完就過了，而是意味著一個工作的開始，並非結束。也就是說，溝通的結束即是工作開始的時刻，針對任何溝通的結果，要能夠設定出一個時間表、一個考核或監察的進度，才不會讓每一次的溝通變成會而不議、議而不決，那就太可惜了。

所以，一定要讓溝通的結果成為具體可實現的步驟、計畫與行動，才能夠讓事情有效地往前推進。下圖為「溝通計畫表」，提供給讀者朋友們參考使用：

<table>
<tr><th colspan="3">溝通計畫表</th></tr>
<tr><td>溝通的目的</td><td colspan="2" rowspan="4"></td></tr>
<tr><td>參與溝通者</td></tr>
<tr><td>地點</td></tr>
<tr><td>開場白重點</td></tr>
<tr><td rowspan="3">溝通進行項目及
自己表達的重點</td><td>項目1</td><td></td></tr>
<tr><td>項目2</td><td></td></tr>
<tr><td>項目3</td><td></td></tr>
<tr><td rowspan="3">結果</td><td>達成共識點</td><td></td></tr>
<tr><td>實施</td><td></td></tr>
<tr><td>差異點</td><td></td></tr>
<tr><td>下次溝通重點</td><td colspan="2"></td></tr>
<tr><td>本次溝通重點</td><td colspan="2"></td></tr>
</table>

溝通計畫表

頂層設計：各類型企業股權結構模式設計

要經營、管理好一個企業，如阿里巴巴的馬雲一開始就將股權、激勵方面的措施都設置好。所以在一個團隊剛開始設計時，就要將人找好、將人找對，在管理好、溝通好之後，「頂層設計」是非常重要的一環，因為「你就是錢，錢就是你」，每個人都一樣，只要有一套良好的系統，就能夠讓團隊的效益做更長遠的發揮。

「股權結構」是公司治理結構的基礎，而公司治理結構則是股權結構的具體運行形式。不同的股權結構決定了不同的企業組織結構，從而決定了不同的企業治理結構，最終決定了企業的行為和績效。

例如，中國第一大商用地產，大連萬達集團董事長王建林，其目前在全世界到處做併購。在併購之後，被併購公司的內部人員都不會改變，無論是併購美國公司、德國公司、任何的外國公司，都能維持原來的團隊，只是公司的老闆、股東換了人。

為什麼在原本賠錢的公司，同樣的團隊在萬達進入之後，竟然能夠很快地賺錢並上市股票？因為他們在股權激勵方面的措施做得很好。

過去，大部分的員工都認為「我只是一個員工而已」，但是現在公司裡如果有股權激勵的系統、機制，員工會認知到「我不是在打工，而是整個公司的利潤如果有上升，我會因為擁有股權的關係，有很好的分紅」，他就變得更積極、更有效率，而不是只是原本打一份工的心態，所以股權結構的頂層設計是非常、非常重要的。

一個企業經常會面臨到許多問題，舉例來說：

「為什麼有的企業的骨幹人才流失得很嚴重，『另立山頭』的現象經常在發生？」

「為什麼企業在做大的過程中，問題會層出不窮，老闆們總是累得心力交瘁？」

「為什麼老闆親自管理的部門效力很高，而下屬經營的部門卻總是管理不佳？」

「為什麼你不能有效地將3家店成功地變成30家店、上百家店？在發展上總是有瓶頸？」

「為什麼很多企業經營幾年就消失了？就是做不到『基業長青』？」

種種的原因都在於「股權結構的頂層設計」沒有做好。

當今世界的五百強企業，90%都採用了股權激勵方式來激勵管理層不斷地將企業帶到更高的高度。在中國也一樣，越來越多的企業為了合理激勵核心人員，紛紛推行了適合自身發展的股權激勵措施，將其視為打造人才的「金手銬」，形成「著眼未來」、「利益共用」、「風險共擔」的新型激勵機制。

採用了股權激勵的企業往往煥然一新，局面為之一變。因此股權激勵既重要，又緊急，既要長遠規劃，更要系統思考，而股權激勵方案往往需要立即行動、系統規劃和盡早發布。

一個大公司通常不是由老闆擁有全部。舉例來說，阿里巴巴集團的馬雲，他的持股比例不到10%；通信設備製造業的老大華為公司創始人任正非，其個人的持股比例不足1%；聯想教父柳傳志在聯想集團的持股也僅0.28%；馬化騰在騰訊公司也只占有12%的股權。甚至，比爾．蓋茲在微軟的持股比例也僅有9.48%。

為什麼這些大老闆們擁有那麼少的股份，卻能夠掌控企業命脈？因為他們都做好了股權的頂層設計！

聯想集團的柳傳志說：「公司要高度重視股權激勵，這是聯想成功的祕訣之一！」

阿里巴巴的馬雲說：「企業越小，越需要股權激勵，因為和大企業相比，小企業一無資金、二無技術、三無品牌，要拿什麼來吸引和留住人才？靠的就是股權激勵！」

馬雲是如何成就今天阿里巴巴的神話？當年創辦馬雲公司的人是18個人（也被稱為十八羅漢），關鍵就在於馬雲一創業就有高人為他做清晰的股權規劃及股權激勵設計，因此，阿里巴巴上市的事件可以告訴我們：

1. 股權可以吸引人才：臺灣真正的首富是蔡崇信，因為他是阿里巴巴的副主席，也是財務方面的總執行長。

2. 股權可以留住人才：所以當年的十八羅漢可以留下來一起打拼。

3. 股權可以做融資：讓日本軟體銀行的孫正義願意合作。

4. 股權可以打市場：阿里巴巴可以利用股權與雅虎合作。

5. 股權設計控股：馬雲事實上擁有阿里巴巴的股份不到10%，卻可以控制整個公司。

因此在股權激勵上一定要處理好，任何一家公司如何分配股權，一直以來都是企業裡的重要機密。一般來說，合夥人是按照出資的金額多少來獲得相應的股權，分配較為明確，結構比較單一。但是，隨著公司的發展、利潤的不斷擴大，必然會在分配上產生各式各樣的利益衝突。對於希望好好發展的企業來說，股權的分配是最能體現出企業差異性、理念與價值觀的關鍵問題。

而我說「股權籌畫」、「商業模式設計」與「融資模式設計」是企業頂層設計、實現戰略目標的三駕馬車！

如果一個老闆擁有公司67％股權的話，他就擁有完全的控制權，

51％的話擁有相對的控制權，34％的話擁有一票否決權，20%的話就可以界定同業競爭權利，10%的話就可以申請解散公司。

因此每一個人在股權結構上，至少要能夠保有以下的幾個部分：

股權激勵份額雖然通常不超過公司總份額的10%，但絕對是影響企業發展的重要因素之一，因為你可以利用這10％來做好用人、留人等策略，讓好的人才看到他不是只能上班領薪水，而是他本身的股權部分可以隨著公司的發展和利潤的提升，自己也能獲得相應股權分配的利益。

一個老闆什麼都可以不會，但是戰略佈局、用人、留人、股權激勵、股權融資、股權併購一定要學會！對任何企業來說，股權結構都是關鍵，因為多數從草根階層創業，走到今天的企業家普遍會面臨到三大問題：

第一、企業規模已經逐步發展壯大，成為區域經濟的中堅力量及行業的領軍企業，家族化平臺日益不能有效地整合各種資本與人才資源，該如何有效破除家族企業做不大的瓶頸？

第二、上市規劃問題，股權結構該如何設計？

第三、接班人問題，未來的事業該交給誰？

以上都牽涉到股權結構的重新定義，股權結構是三大問題的核心，牽一髮而動全身。

而企業的股權結構經常呈現出幾個特點，說明如下：

1. 數量上，比較常見「均分式股權」，即股份平均分配。例如：兩個人創業為50%／50%、三個人創業則為33%／33%／33%。

2. 結構上，股份由家族成員擁有，外部股份很少。

3. 意識上，因為擔憂坊間議論等負面影響，股權結構趨於長期不變，對引入外部股東有排斥意識，因此無法獲得更多的資源，來實行企業下一階段的發展，推動股權結構變化存在著很大的阻力。

4. 由於家族的輩分差異、長幼有序，股東的股份與因股權而享有的權力並不一定是完全對等的。

股權結構不合理，將引發諸多問題

若股權結構不合理，就會引發諸多問題，說明如下：

1. 股權結構設計屬於頂層設計問題，無論企業是否上市，都是企業家無法迴避的重大問題。

2. 實際控制人不突出，與IPO發審政策直接衝突。與股權相關的其他發審政策還有：發行人最近3年內主營業務和董事、高級管理人員沒有發生重大變化，實際控制人沒有發生變更；發行人的股權清晰，控股股東和受控股股東、實際控制人支配的股東持有的發行人股份不存在重大權屬糾紛；股權中必須無代持、無特殊利益的安排。

3. 實際控制人不突出，家族企業的領軍人物不明確、不清晰，這是一種看似有人管，實際上沒人管的格局，是一種缺「頭人」的組織狀態。企業的戰略規劃、併購重組、重大經營決策、高級人才物色、上市規劃等問題，都是需要「頭人」來思考的。

4. 同時存在著幾個「頭人」，導致企業決策效率低下、內部運營效率不高。反映在企業發展上，有3個表現：（1）業績增長乏力，長期止步不前，業績增速低於行業增速或者低於GDP增長；（2）多頭指揮，內耗嚴重；（3）組織氛圍較差，員工普遍沒有熱情，缺乏創新，幸福指數不高。

5. 股權問題沒有妥善解決，企業接班人問題也無從解決，家族子弟定位不清晰，成長速度緩慢。

6. 股權集中在家族成員手中，企業家面向社會動員、整合資本與人才資源的意識和手段都比較薄弱，如果薪酬體系、績效管理體系也不完善，就難以打造一支有戰鬥力的隊伍。具體來看，有3個表現：（1）難以吸引到有見識、有實操經驗、有事業共識的高手來加盟；（2）家族成員與外部職業經理人配合不順暢；（3）人員流失率較高，人才隊伍沒有紮根。

股權結構不合理的負面影響基本覆蓋了企業戰略、組織、業績成長、人才隊伍等各方面重大問題。因此，企業家對於股權結構問題要抓準時機，盡快解決，在後續發展道路上爭取輕裝上陣，才能快速奔跑。

股權設計案例：俏江南

以俏江南作為股權設計案例，以下說明被收購的歷程：

2000年：俏江南首家餐廳於北京CBD開業，2002年進駐上海。

2008年：店面擴張計畫遭遇危機，引入風投鼎暉創投2億元，占俏江南總股本的10.55%。並簽訂了掛勾IPO的對賭協議。

2011年：俏江南試圖A股上市，證監會不批無緣A股。

2012年：作為中國全國政協委員的俏江南創辦人張蘭被爆變更國籍，為赴港上市鋪路，最終告吹。

2013年：俏江南被傳資金鏈緊繃，全年開店僅10家。中央的「八項規定」、「六項禁令」也讓高端餐飲行業陷入冰點。

2014年：張蘭本人均證實，俏江南易主，歐洲基金CVC收購俏江南並控股。

2015年7月：保華接手CVC掌管俏江南，張蘭不再擔任董事，不再參與俏江南事務。

從「俏江南」的創立到助推上市，到最後失去控制權，都與融資有著直接關係。

轉折從引入鼎暉投資開始，2008年12月，俏江南宣佈向鼎暉投資和中金公司出讓10%股份，融資3億元，最終鼎暉出資2億元成交；2014年，俏江南再次賣身，私募基金CVC以3億美元購入俏江南82.7%股權，張蘭占13.8%及員工占3.5%股權。

原本為「餐飲界的LV」的俏江南卻沒能搭上資本市場的快車，創始人也被宣佈「出局」。張蘭於2015年7月20日接受媒體採訪時稱：「說不定，一年之後你再採訪我，會是在俏江南的辦公室裡。」

一個創辦人因沒有注意到在發展過程中的股權分配，進而導致自己所創辦的企業竟然不存在自己的手裡，連董事都不是，無法參與公司事務，以至於最終俏江南的控制權完全離開自己的手裡，這是多使人警惕的一個案例。

與狼共舞

中國企業與狼共舞時，一定要「配備」具有國際視野和能力的專業律師團隊，因為中國企業多半對資本交易規則缺乏瞭解，沒有風險控制意識。

然而整個國際上的資本運作太強大了，資本結構的資訊更新得越來越快，許多企業發展需要資金，而許多人的手上有資金，但是如果沒有具備足夠的國際視野，就可能發生如前述的俏江南最後栽在國外VC手裡的慘劇。

當彼此合作之後，資本大鱷埋下的「地雷」和「陷阱」引爆，你將深陷於「十面埋伏」。當這些人來投資你時，都會有很多的條件或但書，但是如果你沒有注意到這些條文或者相應的配置，很可能最後你的公司卻變成別人的，最終自己的品牌毀在外國資本的手中。

股權結構優化

「股權結構優化」是一個系統工程，要兼顧「天時」、「地利」、「人和」三個要素，要遵循「戰略先行」、「市值導向」、「結構優化」

和「動態管理」的原則，說明如下：

1. 重新制訂公司戰略，依靠未來3年至5年的戰略規劃，對歷史問題和待決策的問題達成共識。對以下問題達成共識：

a. 公司的戰略是什麼？上市規劃如何設計？

b. 業務結構如何安排？業務競爭策略如何制定？

c. 職能戰略是什麼？研產供銷、人力資源、財務管理職能如何培育和完善？

d. 戰略落地的各項資源如何配置、行動計畫如何實施？

2. 以快速成長為對比標準，以做大市值為終極導向。

而股權結構優化，有兩個導向：

a. 推動企業快速成長，體現在財務指標上是規模迅速放大、盈利能力提高。按照和君創業管理諮詢有限公司的「2倍速」法則，好行業就是2倍速GDP增速，好公司就是再2倍速於該行業增速。從股權結構角度來看，主要會有以下幾項經驗：

（1）董事會席位不必過多，以5席至7席為宜，減少董事會層面相互制衡對快速成長的負面拉動作用。

（2）大股東意志透過董事會清晰傳達到經營層，在頂層設計、管控體系層面保障打造一個「快公司」。

b. 目標為未來做大市值。只有在做大市值的導向下，原始股東才會在稀釋股權、轉讓股權、優化股東背景等問題上展望未來、達成共識。

3. 股權結構優化要有戰略思維、產業思維和資本思維，還要具有動態管理思想。

當企業家在設計股權結構時，要體現更多的戰略思維、產業思維和資本思維，作法如下：

（1）在戰略規劃的過程中同步思考股權結構優化，利用外部股東背景構建一幅戰略地圖，並設計一個可行的商業模式。

（2）上市前、上市後，股權結構應該是一個動態管理過程，引入外部股東、股權減持變現、股權質押融資、股權激勵等動作，要踩對產業週期、資本市場週期的節拍。

4. 主動研究、熟悉、尋找和引入外部戰略投資者，並且讓外部投資者參與公司治理，作法如下：

（1）在公司內部成立專業部門，在國際、國內兩個市場主動研究產業上下游、跨行業的潛在外部戰略投資者，做到「主動對話」、「知己知彼」、「構建生態」、「為我所用」。

（2）引進外部股東之後，讓外部投資者透過董事會參與公司治理。給外部股東一定的話語權，可以實現以增量帶動存量，用新血洗滌陳舊風氣，在財務體系、管理理念、治理結構上爭取實現脫胎換骨的改變。

（3）董事會席位以及董事會下設置戰略委員會席位的設計至關重要，可以先從諮詢界、金融界聘請一個獨立董事做起，更進一步，可以從上下游產業、政府機構聘請幾位專家顧問，充實董事會下設戰略委員會的席位，獨立董事、外部顧問與家族董事的理念思路相互激盪，可以少走許多彎路。

5. 啟動上市規劃，作為3年至5年企業戰略的首要問題，將大股東選擇、接班人選擇納入這個戰略統籌考慮。

民營企業未來五年最大的戰略是上市，但許多企業家在上市這條路上左右搖擺、遲疑不決，付出大筆的時間成本。無論最終上市與否，啟動上市規劃，就是對投資者、供應商、客戶、上下游企業和員工的一個公開承諾，因為上市規劃傳遞的是一種做大事業、與大家分享的信心。

6. 在組織設計上打造一個「平臺型」企業，作為企業家動員全社會資本、人才和知識的平臺。

民營企業家要完成「從做生意到做組織」的轉變，其挑戰是從一個「銷售高手」、「業務高手」轉變為「組織高手」。在組織設計上，平臺型企業實行兩個理念：

（1）把小公司做成大公司，把大公司做成大家的公司。

（2）從股東到基層員工都能享受到企業做大、做強的改革成果，每個人都認為自己是企業的主人。

7. 依靠股權激勵等手段對分配模式進行創新，匯聚一批產業精英和管理高手，打造一支與董事會攜手前行的人才隊伍。

當前實體經濟的另外一個趨勢是分配模式不斷創新，然而無論如何創新，目標只有一個導向，那就是彙聚產業精英來做大、做強企業：

（1）實行股權激勵的公司，要比未實行股權激勵的公司的銷售額、淨利潤增速快。

（2）一家公司實行股權激勵後的銷售額、淨利潤增速，要比沒有實行股權激勵期間高。

把人留下：股權激勵方案設計六大要素

股權激勵是一種透過經營者獲得公司股權的形式，使員工能夠以股東的身份參與企業決策、分享利潤、承擔風險，從而勤勉盡責地為公司長期發展服務的一種激勵方法。

股權激勵的本質是公司的價值分配體系，是一種讓員工自動自發工作，讓企業基業長青的智慧，是用社會的財富、未來的財富、員工的財富，以及相關利益者的財富，在企業內部建立的一套共贏機制。

股權激勵的設計因素

股權激勵的設計因素如下：

一、激勵對象

「激勵對象」既有企業經營者（如CEO）的股權激勵，也包括普通雇員的持股計畫、以股票支付董事報酬、以股票支付基層管理者的報酬等。

二、購股規定

「購股規定」即是對經理人購買股權的相關規定，包括購買價格、期限、數量，以及是否允許放棄購股等。上市公司的購股價格一般參照簽約當時的股票市場價格確定，其他公司的購股價格則參照當時股權價值確定。

三、售股規定

「售股規定」即對經理人出售股權的相關規定，包括出售價格、數量、期限的規定。出售價格按出售日的股權市場價值確定，其中上市公司參照股票的市場價格，其他公司則根據一般預先確定的方法計算出售價格。為了使經理人更關心股東的長期利益，一般規定經理人在一定的期限後，方可出售其持有股票，並對其出售數量做出限制。

四、權利義務

在股權激勵中，需要對經理人是否享有分紅收益權、股票表決權與如何承擔股權貶值風險等權利義務訂立出規定。

五、股權管理

「股權管理」包括管理方式、股權獲得來源和股權激勵占總收入的比例等。股權獲得來源包括經理人購買、獎勵獲得、技術入股、管理入股、崗位持股等。股權激勵在經理人的總收入中占的比例不同，其激勵的效果也不同。

六、操作方式

「操作方式」包括是否發生股權的實際轉讓關係、股票來源等。一些情況下，為了迴避法律障礙或其他操作上的原因，在股權激勵中，實際上不發生股權的實際轉讓關係。在股權來源方面，有股票回購、增發新股、庫存股票等。

股權激勵的四大作用

實施股權激勵的作用有：

一、激勵作用

使被激勵者擁有公司的部份股份（或股權），用股權這個紐帶將被激勵者的利益與公司的利益緊緊地綁在一起，使其能夠積極、自覺地按照實現公司既定目標的要求、為了實現公司利益的最大化而努力工作，釋放出其人力資本的潛在價值，並最大限度地降低監督成本。

二、約束作用

1. 因為被激勵者與公司已經形成了「一榮俱榮、一損俱損」的利益共同體，如果經營者因不努力工作或其它原因導致公司利益受損，則經營者將要分擔公司的損失。

2. 透過一些限制條件（如限制性股票）使被激勵者不能隨意（或輕意）離職，如果被激勵者在合同期滿前離職，則會損失一筆不小的既得經濟利益。

三、改善員工福利作用

對於那些效益狀況良好且較穩定的公司，實施股權激勵能使多數員工透過擁有公司股權，參與公司利潤的分享，能有十分明顯的福利效果，並且這種福利作用還有助於增強公司對員工的凝聚力，利於形成一種以「利益共用」為基礎的公司文化。

四、穩定員工作用

由於許多股權激勵工具都對激勵對象利益的兌現附帶有服務期的限制，使其不能輕言「去留」。特別是對於高級管理人員和技術核心、銷售核心等「關鍵員工」，股權激勵的力度往往較大，所以股權激勵對於穩定「關鍵員工」的作用也比較明顯。

把心留下：打造合夥人文化

「合夥人公司」是指由兩個或兩個以上合夥人擁有公司並分享公司利潤，合夥人即為公司主人或股東的組織形式。其主要特點是：合夥人共用企業經營所得，並對經營虧損共同承擔無限責任；「合夥人公司」可以由所有合夥人共同參與經營，也可以由部分合夥人經營，其他合夥人僅出資並自負盈虧；合夥人的組成規模可大、可小。

合夥人股權設計三要素

合夥人股權設計的要素表現如下圖，也就是具有「定對象」、「定結構」、「定規則」的三要素。

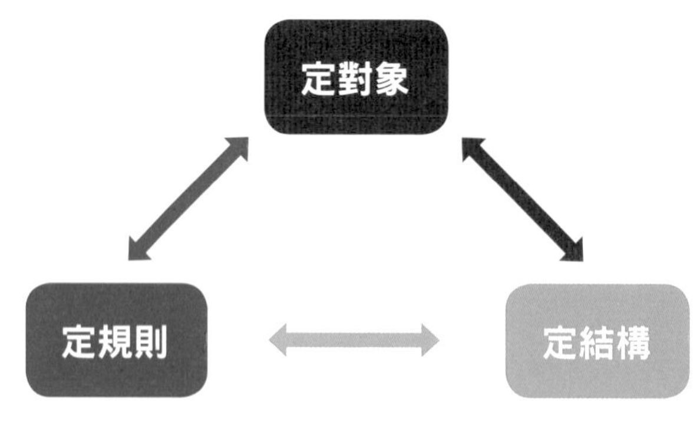

合夥人股權設計三要素

股權設計四個要點

股權設計的要點有：

1. 控制權比股份重要。
2. 人比錢重要。
3. 能力比關係、資源重要。
4. 股份要和貢獻投資對應。

控制權的關鍵點

控制權的幾個關鍵點的表現，如下所示：

○> 67%：完全絕對控制權

○> 50%：絕對控制權

○< 50%，但一股獨大：相對控制權

○> 33%：擁有否決權

○< 33%：參股

控制權的關鍵點

像選擇老婆一樣地選擇合夥人

合夥人的選擇至關重要，有哪些地方可以觀察和判斷呢？

一、觀察脾氣、性格

人的脾氣性格生來就難以改變，人的所作所為和性格有必然的關係，然而做生意時切忌相互猜疑，如愛嫉妒、易怒、反覆無常、斤斤計較類型的人，一定不能選作為合作夥伴，同時，有話悶在心裡不說的類型也不能選擇。

二、觀察興趣、愛好

觀察人不能單憑某點就下結論，對其興趣、愛好也是輔助的考察，愛好於賭博和喝酒的一律淘汰。對男性的考察也應該將他對異性的看法列在其中，好色的、愛鬼混的人也不能選擇。

三、觀察對事業的理解

有些人認為做事情就是做事情，沒什麼目的和看法，和這種人短期合作還可以，長期合作就不太妥當，胸無大志的人可能在新技術的引進和革新上給你添加不少阻力。

四、觀察過去的經歷

人的過去經歷是一種財富，無論好或壞的經歷都應該是其人生道路的反映，此項考察應多注意他對生意門路的看法以及他經商天賦的流露。

五、從側面瞭解他的為人

要瞭解一個人，最好的辦法就是走進他的朋友圈，看看他的朋友和身邊的人對他的評價和看法。當然，他的對手對他的評價或許更真實一些。

六、從消費習慣觀察他對金錢的態度

花錢習慣如水流的人要謹慎選擇，而賺多少錢，就花多少錢、甚至花掉還沒賺到的錢的人，一定不要選擇。

七、從對家庭的態度瞭解他的道德觀

不能做到關心家庭、愛護家庭、維護家庭的人盡量少合作，對父母不孝順的人一定不能選擇，對子女不關愛的人要謹慎選擇，個人道德素質是其做事情的標準，如果人在這些方面都做的很差，即使能力再強，也難免有倒戈的時候。

八、觀察有沒有共進退的特質

寧可要不能同苦、能共甘的朋友，也不要能同苦、不能共甘的朋友，許多合作的人不是因為在困難時期不能共患難，而是等富貴來了以後，卻

相互的算計，到頭來更是讓人寒心。

九、從個人文化修養觀察是否具有獨立做事的決心

對合作者文化水準的考察雖然不是特別重要，但是為了長久，有一定文化涵養的合作者也顯得很重要。我們可以這樣分析：如果你不和他合作，他能不能單獨做這件事情？如果你不和他合作，他有沒有別人可以選擇？

十、從綜合實力觀察有沒有合作的必要

凡是在性格、習慣、為人、處世、個人能力上有欠缺的人要妥善選擇，因選擇合作夥伴是投資走出的一大步，應該堅持寧缺勿濫的原則。

和哪種類型的人適合合夥？

1. 和有能力的人（創業能力）。
2. 和有共同價值觀的人（創業心態）。
3. 和有共同理想的人。
4. 和能白頭到老的人。

以及，能「出錢」、又「出人」的人。

合夥制企業的文化建設重點

合夥制企業的文化健設有哪些：

1. 確定使命、願景、價值觀，明確尊重、自律、平等、負責、協同、合作、信任、共用、專業的價值理念。

2. 明確訂定公司及二級團隊的戰略目標，做好非主流文化建設。

3. 明確業務定位，做好運行機制建設，做好基本管理的完善。

4. 人才建設方面，引進合適人才，用好人才，成長人才，留住人才。

5. 做好福利保障。因為專案工作的薪酬每月波動較大，加上工作地點、合作夥伴的變化等，都容易給成員不安定感，透過穩定的福利、均衡化薪

酬、工作氛圍的營造等，可以在一定程度上緩解員工的工作壓力。

加強合夥制企業文化的管理

那麼，該從哪些方面開始著手？

一、共同願景構建

共同願景的建構要如何做呢？

1. 明確公司的發展方向和價值追求。

2. 明確團隊的工作綱領、工作的基本原則。

3. 為每一個專案界定工作範圍與工作分工。

4. 為每名員工建立較為清晰的職業規劃，並有詳細的實施方案。

二、組織制度建設

組織制度的建設，在管理體制上需要：

1. 行政管理制度，包括辦公、出行、報銷、客戶交流、保密內容等相關。

2. 人力資源制度，包括培訓、薪酬、晉升、學習與成長等。

3. 專案管理指南，包括專案成員行為規範、工作標準、工作分工、專案經理及成員的職責等。

三、分配機制

分配機制又該如何制定呢？

1. 制定薪級和薪等，設計有梯度的薪酬體系。

2. 設定合理的績效分配，包括項目分配、年度獎勵等。

3. 建立獎勵計畫，如課題研究、內部培訓、公共貢獻、出書與發表等。

四、團隊文化

對於合夥制企業，由於合夥人團隊的相對獨立性，其團隊文化相當於一個微型企業的文化，必須「小而全」，具備完整的文化因素，如：精神層文化、制度層文化等，體現團隊精神、體現人文關懷。

而合夥人是合夥制企業發展的引路人，合夥人的素質將直接影響到企業的生存與長期發展。一個優秀的合夥人應當具備的基本素質有：誠信可靠、職業道德、領導素質、專業勝任能力、業務開發能力等。

合夥人不僅要具備精湛的業務水準，還要具備豐富的管理經驗和較強的協調能力，還要有對事業、社會和員工的責任感。

把經驗留下：系統建立自動運轉

很多中小企業都存在著一種現象：那就是離開領導人，企業就運轉不了。什麼都要等領導人回來決斷，什麼都要等領導人回來簽字，造成各種時機的延誤、工作的滯後，以至於忙死領導人，閒死下屬。

因此，如何打造一個自動運轉的企業，是對創業家和企業經營者來說非常關鍵的學問，一旦打造出一個自動運轉的企業之後，經營者將能輕鬆自如。

經多次折疊的紙張厚度

思考看看將A4紙反覆對折50次，最後的厚度能達到多厚？：

2的50次方＝1125899906842620

70克紙（該紙的重量為70克每平方米）的厚度大概是0.075毫米，那麼，反覆對折50次的紙的厚度為

1125899906842620X0.075＝84442493013196.5毫米

＝84442493.0131965公里！

薄的紙張經過多次的折疊，紙張的厚度經過不斷的複製，最後達到的厚度將不可想像。

如果企業能夠按照紙張折疊的方式擴張其規模，那麼企業的成長速度將是驚人的。當然，企業的複製並不像折紙那樣簡單，企業的複製必須建

立在標準化和統一指揮基礎之上。

世界上一切組織和個人的成功依靠的都是系統

美國品管大師戴明博士（William Edwards Deming）曾說：「在絕大多數的系統或業務狀況下，94%的問題是系統問題，只有6%的問題是特殊的問題。」

系統的關鍵在於可以「見所不見」，什麼是「見所不見」？意思是指你可以預見那些現在無法看到的東西，並且有一套處理流程為它作準備，這便是系統的關鍵所在。

麥當勞透過標準化複製而成功快速擴張

1955年第一家麥當勞開業以來，至今，麥當勞已在全球1百多個國家擁有超過3萬家的分店，每天能為5千2百多萬人提供服務，而麥當勞的發展速度來自於不斷地自我複製。

麥當勞的可複製性來自於標準化，也就是：標準化的標誌、標準化的產品、標準化的流程、標準化的制度、標準的文化，包括標準化的微笑。而麥當勞能夠被複製，來自於統一指揮，也就是：統一的培訓、統一的採購和統一的配送。

系統不能做到100%有效複製的原因

系統不能做到100%有效複製的原因如下：

1. 系統內部思想不統一，無法形成統一的價值觀。

2. 缺乏一個有著豐富經驗和創新能力的核心領導團隊，無法為系統提供解決複雜問題的思想和技術支援。

3. 沒有可供複製的專業化和標準化範本。

4. 沒有有效和通暢的複製通道。

5. 複製中不注重細節，個人隨意性太大。

為何要複製？

那麼，我們為什麼要複製呢？

因為「複製」能統一思維、行為與價值觀，同時不易走樣，能保持簡單，並且穩定性高，更能形成標準化、專業化與範本化。

「複製」是形成自動化生產線的理論基礎，是自我解決的鑰匙、制勝的法寶，也是建立核心團隊的重要元素。並且，「複製」能解決團隊建設中的陷阱，達到快與穩的結合，能解決會議運作中的陷阱，消除雜音，更能解決教育培訓中的陷阱，防止培訓一流卻無業績。

理順各種系統

而理順各種系統的作法如下：

1. 聯絡便條紙系統：在聯絡便條專用格式紙上的訊息，用來記錄重要事件，以便照文遵循。

2. 辦公室系統：一間辦公室的設計，要將行走動線及種種干擾最小化。

3. 電話系統：讓電話以簡單而有效率的方式直接轉接到正確的人手中。

4. 電腦系統：接收訊息越便利，員工越有生產力。

5. 會計系統：讓會計人員可以輕鬆地追蹤及取得金錢流入與流出的紀錄，以方便做估計、規劃、預算和現金流向分析。

6. 統計系統：讓你的員工和你的企業效率透明化，清晰地交代出到底交易了哪些東西，因為統計數字會扮演反對黨的角色，告訴你企業的事實真相。

7. 人際關係溝通系統：這是可以瞭解員工的過程與活動之一，例如，召開允許員工誠實分享一切的會議。我們所使用的方法是「我有話要說」，因為多數的組織都沒有意識到，94%個體間的溝通方式都是看不見的，只有6%的溝通是透過了語言。

商業模式就像是老闆打造出來的船。

船可能有兩種，一種是軍艦，一種是橡皮艇，

如果軍艦上坐著一般的官兵，他只要按個鍵，軍艦就會自動前進；

如果是一個沒有馬達也沒有引擎的小橡皮艇，

那麼就算是特種部隊坐在上面也不能發揮用處。

Chapter 4

［模塊四］
商業模式的革命

ENTREPRENEURSHIP REVOLUTION

- 複製與創新：構建可持續性商業模式
- 商業模式的複製與創新
- 定位：發現商機，政策就是趨勢
- 盈利模式與設計：開創新的盈利點
- 尋找關鍵資源和能力
- 業務系統：創造上下游系統價值鏈
- 自由現金流結構，好模式讓利潤水到渠成

複製與創新：構建可持續性商業模式

當商業趨勢清楚了，商業思維準備了，管理模式、股權激勵都做好了，接下來企業得推出完整的商業模式。

商業模式興起於互聯網時代，是創投公司經常使用、也是創投公司評判企業是否值得投資的三大標準之一（三大標準為：領導人、團隊與商業模式）。因此，現代管理學之父彼得·杜拉克（Peter Ferdinand Drucker）說：「當今企業之間的競爭，不是產品之間的競爭，而是商業模式之間的競爭。」

商業模式的定義

商業模式的基礎定義是，企業家為了最大化企業價值而構建的企業與其利益相關者的交易結構，具有的功能如下：

商業模式設計的目的是為了最大化企業價值，也是連接顧客價值與企業價值的橋樑。

商業模式為企業的各種利益相關者，如：供應商、顧客、其他合作夥伴、企業內的部門和員工等，提供了一個將各方交易活動相互聯結的紐帶。而一個好的商業模式最終總能體現為獲得資本和產品市場認同的獨特企業價值。商業模式更是企業戰略中的戰略。

商業模式的構成

商業模式的構成

如上圖：從左邊的「定位」到右邊產生最大的「企業價值」，中間的「運行機制」透過四個部分處理。意指一個好的商業模式首先要找到明確而獨特的「定位」，再透過良好的「業務系統」將業績做好，並透過「關鍵資源能力」的整合、「盈利模式」的設計，和良好的「現金流結構」的運用，就能夠創造出最大的「企業價值」。

商業模式與管理模式的關係

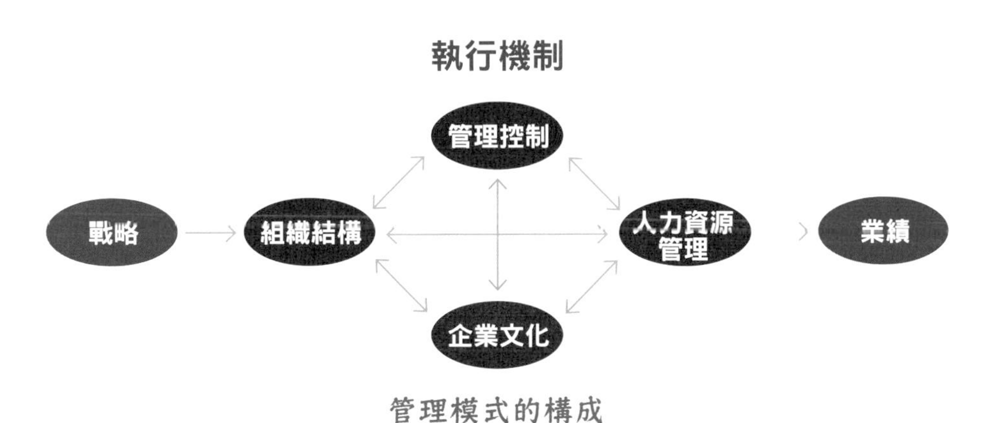

管理模式的構成

上頁圖為「管理模式」的構成，商業模式與一般的管理模式不同，管理模式是企業如何訂出「戰略」，在訂戰略之後，如何運用良好的「組織結構」、「管理控制」和良好的「企業文化」與「人力資源管理」，最後讓員工產生更大的「業績」，這是與「人」有關，「管理」都與「人」有關係。

然而「商業模式」看的是整個企業的平臺價值，所以一個「定位」出現之後，如何透過良好的「業務系統」與「關鍵資源能力」的整合、「盈利模式」的設計、良好的「現金流結構」的運用，最後能夠創造出一個最大的「企業價值」。

所以，以高層人員來說，他可能較為重視目前的業績，但是以一個企業老闆來說，他看到的是長久的價值，他不能只有看眼前的業績。由此來說，「商業模式」看的是一個運行的平臺，是長期的價值，而非一時之間的業績利益。

商業模式＝軍艦；管理模式＝官兵

用船來比喻，商業模式就像打造了一艘軍艦，而管理模式則類似駕駛軍艦的官兵。例如，有兩種不同的軍艦，一種是橡皮艇，只能坐6個人，沒有馬達，沒有引擎，只能靠雙手來划船；另一種是可以坐2千人的軍艦，可以自動導航、自動設定，只要按一個鍵，軍艦就會自動前進，這就是兩種運作方式完全不同的船。

商業模式是老闆設計的平臺價值，也就是老闆打造出來的船，如果軍艦上是一般的官兵，他一樣按個鍵，軍艦就會自動前進、自動設定；但是如果你在一個小的橡皮艇上面，只能坐6個人，沒有馬達，也沒有引擎，那麼就算是特種部隊坐在上面都不能發揮用處。

為什麼？因為特種部隊的任務變成只能划船，因為這個橡皮艇上面沒有馬達、沒有引擎。所以，老闆得要將軍艦打造好，再找到最好的官來管理他的兵，才有辦法產生更大的績效。

不同時代的致富速度

我們說，在不同時代裡創造財富的速度是截然不同的。例如，在農業社會，需要兩代（約60年）的人才能創造財富；在工業社會裡，可能一代人（約30年）就能創造財富；在資訊社會裡，半個世代（約15年）就能創造財富，甚至可能創造出財富王國；而在知識型社會裡，只要5年就能創造出一個財富王國。

怎麼說呢？如果我們擁有很完整的大數據知識與資訊，像Uber很快地就將平臺打造出來，並在短短一兩年之間就成為價值幾百億美金的企業。為什麼它能這麼快？因為現在全球化的速度越來越快，任何一個事件一發生，很快地全世界都知道，因為資訊的傳播越來越快速。過去，俗語說「謠言止於智者」，但是現在是「智者天天都在聽謠言」，因為訊息太快就被傳播出去了。

其他還有互聯網的「一鍵」推動了技術革命，「互聯網＋」等提升了傳統產業更大的能量，使得整個企業與商業模式都帶來相當大的改變，當然這並不只是時代的改變而已。造成時代改變的原因有全球化、信息化、互聯網與技術革命等等，這些因素都帶來了企業商業模式的革命。

舉例來說，中國大陸的「匹克」（PEAK）公司原本只是一家商業、消費、連鎖類型的「委託加工企業」（OEM），後來轉型成為「自有品牌企業」（OBM），具有品牌的價值，在經過三次的私募融資之後，成功轉型蛻變了。我們來看看匹克這個案例：

「OEM」轉型「OBM」案例：匹克

匹克公司是由「OEM」向「OBM」轉型，整改前的業務模式為：

國際品牌→「委託加工」→國際品牌→消費者。

此時，匹克公司是能賺錢的企業，但不一定是有價值的企業。

而匹克整改後的業務模式為：

自有品牌→產品設計→訂貨→內部生產／委託加工→質量控制→中國分銷商／協力廠商分銷商→授權零售店→消費者手上。

此時匹克是有價值、具有核心競爭力、可持續擴張的企業。因為「品牌」是企業的核心價值，代工廠卻隨時都有可能倒閉，因為代工廠需要依附於「品牌」之下生存，盈利無法預期，更由於單價由「品牌」決定，匯率、工資、能源等因素都會直接影響了企業的盈利情況。

然而，當匹克轉變為自有品牌企業之後，品牌的價值不斷地增強，隨著時間的累積，品牌的價值也不斷地擴大，凝聚力越來越強。已擁有的消費者、代工廠、經銷商等依附更為緊密，新的消費者也被吸引到品牌周圍。此外，品牌已擁有定價權，產品價格由品牌根據需求來制定，上漲的成本可以傳遞給消費者，從而保證企業的穩定持續發展。

匹克轉型的具體進程，說明如下：

第一輪：業務戰略轉型

1. 優勢投資6百萬美元，企業估值8千萬美元（2007年5月）。

2. 品牌塑造。

3. 商業模式的規劃：透過議價方式對管道進行收購整合。

第二輪：調試、擴張階段

1. 紅杉與深創投投資4千萬美元，企業估值10億美元（2007年10月，市值提升12.5倍）。

第三輪：擴張階段

1. 聯想及建銀國際等投資6千萬美元（2009年4月）。

2. 香港主板：蛻變成功。

3. 募集資金17億港元（2009年9月），遠遠超過預期。

投資之後，匹克收入於2006年至2009年之間，業績增長率為100%，於2009年淨利潤為5億多元，增速超過110%。

其成功的關鍵要點在於，具有「準確的市場定位」，目標取向為二、三線龐大的專業運動市場，匹克不與愛迪達、NIKE等國際品牌在第一線城市爭奪，其目標瞄準在第二線、三線城市；並做到「塑造專業運動品牌」，如：尋找專業運動員、團隊與贊助頂級賽事等；並設計出「快速擴張的商業模式」，匹克對行銷資源配置、產品研發、海外佈局、供應鏈體系以及零售網點的佈局進行針對性的優化和調整，積極籌建體育生態圈，並且持續拓展海外市場，並透過增加分銷商的數目及優化分銷商的覆蓋區域，以提高經營效率，加深市場滲透率及增強整體競爭力。

同時進行「複合增長」，以單店來說，推動銷售量增加（加強品牌及產品專業化程度），店數是不斷增加新的店面，品種則是利用品牌的定位向其它運動擴張，匹克在籃球領域已被市場廣泛認可，隨著慢跑於全球的興起，匹克將依循過去推廣籃球產品的成功策略，以頂級馬拉松賽事贊助為主軸，輔以其他地區性路跑活動贊助，進而拉動在專業跑步產品的市場佔有率。因此匹克的複合增長率增加為32.55%。

「互聯網＋」農業案例：龍生普洱

「互聯網＋」的農業案例為「龍生普洱」，龍生普洱的投資價值在於價值挖掘，其可借鑒「卉谷」茶葉模式進行商業模式再造，不僅能解決茶葉存量問題，還能享受茶地主帶來的增量收益。

其作法為：重新整合土地資源，透過互聯網管道實行線上眾籌認購，以完成土地流轉，幫助提升其土地價值，並提前完成銷售計畫，以提高土地收益，實現資產證券化，如下頁圖所示：

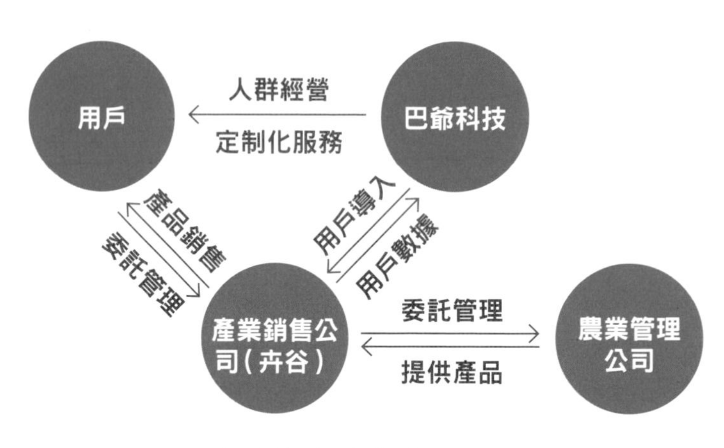

卉谷模式示意圖

用戶（茶地主）：以6萬元一畝地價格認購茶園，並獲得單獨的林權證，此林權證可以過戶、可以轉讓。茶地主將認購的茶園委託至茶園管理公司，茶園管理公司將免費管理地主茶園，並每年給予茶地主75斤茶葉，茶地主還可享受茶葉私家定製的服務。

農業管理公司：擁有茶園林權。一畝茶園的每年產量約在150斤，返給茶地主75斤，餘下75斤茶葉由卉谷茶葉進行回購。目前一畝茶園從管理到生產出茶葉的成本攤銷約為一斤60元，卉谷茶葉以一斤72元進行回購，茶園管理公司還有約一斤12元的利潤。

卉谷：主要負責茶地主的行銷及未來客戶的運營。卉谷茶葉從茶園管理公司處收得茶葉以約一斤2百元銷售給市場，未來卉谷茶葉還將拓展電商管道及袋裝茶進行銷售。

巴爺科技：為農業產業的聯盟平臺，巴爺科技採用「互聯網＋」農業模式的土地流轉定制及社交平臺，定位於滿足中產階級及富裕階層對個性化農業的需求。

商業模式的複製與創新

商業模式本質上就是利益相關者的交易結構，其為企業的各種利益相關者，如：供應商、顧客、其他合作夥伴、企業內的部門和員工等提供了一個將各方交易活動相互聯結的紐帶。

而一個可持續性的商業模式最終總能體現為「獲得資本和產品市場認同的獨特企業價值」。

商業模式的複製

所謂「商業模式」，指的就是關於企業「做什麼」、「如何做」、「如何賺錢」的綜合體。任何一種優秀的商業模式在日趨成熟的過程中都付出了高昂成本，甚至是歷經磨難的。一旦在實踐中證明這種商業模式的比較優勢之後，如果能將其成功複製到多個企業，那麼此套成功模式的單位成本將被「攤薄」。

在知識經濟成為時代主旋律的現今，沿著一個總結出來的捷徑邁向成功，以一套成功的商業模式「打遍天下」的案例更是屢見不鮮。在快速擴張的大潮當中，透過兼併和收購，將優秀的商業模式複製到新的企業，已成為許多企業做大、做強歷程中的必經之路。

商業模式是能夠被複製的，只要在複製的過程中注意選擇複製的目標和施行複製的過程，那麼複製一個成功的商業模式並非不可能。

一、複製的商業模式須有生命力

一個好的模式才可能打造出無數個與「母版公司」具有同樣競爭力的「複製公司」。當然，並不是所有的商業模式都能被複製，那些未成型或者缺乏清晰化構成的商業模式即使能夠盈利，也不能被成功複製。

對規模經濟和協同效應的行業來說，透過商業模式複製的方式來擴張更直接一些，例如：沃爾瑪、家樂福、國美、蘇寧等公司，以規模和統一管理實現了「統購分銷」，有效降低了成本，提高了市場佔有率，順利打造出了大銷售格局。

二、複製的商業模式須落地生根與「本土化」

由於各地的生活習慣和消費能力差異較大，企業文化和員工觀念也大相徑庭。所有優秀的商業模式能否在新企業落地生根，取決於該模式是否能真正「本土化」。

相對而言，將商業模式複製到「新組建的企業」容易一些，複製到「被兼併收購的企業」就困難一些，而複製到「原本具有強勢文化的企業」就更困難了。此時培養企業員工接受複製的心態很重要，在實際操作中，可以加大對當地員工的培訓密度和力度，重用本土化管理人員，尊重原企業合理或成功的歷史形成，在此基礎上再推行新的模式，較能實現專業化和本土化的有機結合。

三、專業化的管理團隊決定了複製品質

專業化的管理團隊是使複雜的商業模式能迅速地從一個公司複製到另一個公司的有效載體。

商業模式的複製過程是費時、費力的「專業化」和「標準化」推廣過程，也是知識的拷貝過程，涉及到知識管理的多個層面，囊括了知識的搜集、梳理、共用、轉移等過程，結果表現為系統化、標準化的總體知識再現。這些知識分為顯性和隱性兩大類，顯性知識的轉移表現在制度、流

程、操作規則、計畫、組織、控制等方面；而隱性知識的轉移則需要管理成員身體力行、潛移默化的傳播，以形成具體的體制和機制。

四、複製時，優秀的職業經理人必不可少

經理人是企業最昂貴的資源，同時也是折舊最快，最需要經常補充的人力資源。在複製的初期，優秀的職業經理人往往會接管被改造的企業，操刀新企業推行商業模式的整個過程。一個合格的職業經理人是實現「諾曼地登陸」的司令員，不僅需要豐富的管理經驗，也要熟悉將要被複製的商業模式，更要能夠洞察並把握和商業模式相配套的核心價值觀。

2. 商業模式的創新

商業模式的創新形式貫穿於企業經營的整個過程當中，也貫穿於企業資源開發研發模式、製造方式、行銷體系、市場流通等各個環節。也就是說，在企業經營的每一個環節上的創新，都可能成為一種成功的商業模式。而成功的商業模式並不一定就是在技術上突破，也可能是對某一個環節的改造，或者是對原有模式的重組、創新，甚至是對整個遊戲規則的顛覆。

舉例來說，美國2010年某一期的商業週刊標題為：

「諾基亞（NOKIA）因何掉隊？」

「誰是上世紀90年代最成功的歐洲企業？」

「太簡單了，當然是諾基亞。」

「誰是21世紀頭10年最令人失望的公司？」

「同樣很簡單，還是諾基亞。」

在2007年之後的3年多，諾基亞市值已經縮水770億美元，股價累計下跌了67%，2010年以來，諾基亞股價下跌了25%；2010年10月22日，諾基亞發布聲明將裁員1千8百人。

另一則為：

「誰是上世紀90年代最令人失望的美國公司？」

「太簡單了，當然是蘋果（Apple）。」

「誰是21世紀頭十年最成功的美國企業？」

「同樣很簡單，還是蘋果。」

2010年9月23日蘋果市值達到2658億美元，超過中石油，成為僅次於埃克森美孚（Exxon Mobil）的全球市值第二大公司；9月25日的蘋果於2010年第四季度，其淨利潤和營業收入分別為43.1億美元和203.4億美元，比前一年同期分別增長了70%和67%。

上述評論反映出，信息產業的競爭風雲變色，在IT市場沒有誰會長盛不衰，而長盛不衰的關鍵在於：你是否具備了掌握趨勢、調整戰略與應對變革的能力。

自全球金融危機爆發以來，資訊產業發展的競爭格局正處於深度調整之中，它不僅是一場技術變革，不僅是一場商業模式的變革，也是產業發展主導權的重新爭奪。當我們今日討論戰略性新興產業的時候，仍需要不斷地審視我們所處的產業環境，不斷地認識資訊產業的競爭格局，以尋求新興產業持續發展的嶄新道路。

一、商業模式創新的類型

商業模式的創新雖然是不拘一格，變化萬千的，但仍然能依照不同的標準將其劃分成為不同的類型。按照商業模式的**創新導向**，可劃分為「供給導向創新」與「需求導向創新」，說明如下：

1.「供給導向創新」

「供給導向創新」的出發點，是將新的經營方式和技術應用於現有的商業模式。例如：戴爾電腦（Dell）就是同時應用這兩種方式的典範，戴爾將產品直接銷售給顧客，同時引入新技術（網絡）作為一種新的分銷管道。

2.「需求導向創新」

「需求導向創新」則是從顧客的角度出發，迎合客戶的新需求、品味或偏好。例如：Napster和Kazaa允許人們免費下載音樂（雖然是不合法的），這類免費音樂共用平臺的建立給音樂行業造成了很大的影響與壓力，需要一種新的、能夠適應使用者免費收聽音樂習慣的商業模式。

而按照商業模式的**創新程度**，可劃分為「存量型創新」、「增量型創新」與「全新商業模式」，說明如下：

1.「存量型創新」

「存量型創新」意指使用不同的方法做相同的事，是運用新的方式來提供相似的產品或服務。例如，Skype提供的服務與傳統電話公司相同，也就是電話業務，但是Skype商業模式中的服務平臺是基於網路建立的，如此就使Skype能在最大程度上壓縮成本，同時在全球範圍內開展業務。Skype的商業模式中也提供了其他公司已經有的服務，但其所使用的資源、所需要的能力與分銷管道卻非常新穎。

2.「增量型創新」

「增量型創新」意味著傳統企業立足於現有的經營模式，在網路技術和資訊技術等因素的推動下，對原有商業模式的改造和突破，增加新的元素。例如，從原有的商品和服務出售者向解決方案提供商的轉變；從原有的規模化生產，向定制化和個性化生產的轉變；從原有基於層級的管理體制，向基於流程重組和統一資料的扁平化管理體制的轉變。例如，中國湖南的遠大空調透過不斷地創新產品，成為全球燃氣空調的銷售冠軍，最近的創新則是由「燃氣空調的銷售商」轉型成為「冷和熱的解決方案提供商」。

而按照商業模式的**創新元素**，可劃分為「創始性創新」、「綜合集成創新」、「移植轉化創新」、「跟隨模仿性創新」四種。

1.「創始性創新」

「創始性創新」是指從無到有的商業模式創新。而創始性商業模式具有創新的三大特徵，一是「首創性」，也就是前所未有、與眾不同；二是「突破性」，在商業模式的某個或多個方面實現重大變革；三是「帶動性」，在微觀層面上將引發企業競爭態勢的變化，在宏觀層面上則有可能引起消費方式的變化、產業鏈的變化、競爭格局的重新形成等。例如，入口網站企業的雅虎、新浪；搜索網站企業的Google、百度；商務網站企業的亞馬遜、阿里巴巴；即時通訊企業的騰訊，這些企業依託新的網路資源和軟體技術，為滿足網路使用者新的需求而提供全新的服務。

2.「綜合集成創新」

「綜合集成創新」是指在經濟生活中、在科技研發中，讓1＋1迸發出大於2的能量，這就是集成創新。集成創新的主體是企業，其目的是有效集成各種要素和資源，占有更多市場份額，以創造更大的經濟效益，獲得更龐大的發展。

「綜合集成創新」應該體現在管理中，因為每個企業都有自己的特殊情況，沒有一種商業模式是普遍適合每一個企業的。該如何將管理中的各個環節組合成一個適合自己的、嶄新的模式，是每一個企業都應該認真對待的創新課題。

例如，戴爾電腦建立之初，幾乎沒有人相信這個沒有多少專利的企業能在IBM、蘋果的夾擊之下突圍而出。然而，戴爾重新整合了管理方式和銷售管道，就這樣將自己的業務在全球鋪展開來。戴爾的成功並不是依靠新技術的發明，而是創造了全新的商業模式。

3.「移植轉化創新」

「移植轉化創新」指的是將某一領域中的原理、方法、結構、模式等移植到另一個領域去，從而產生新思想、新觀念的方法。每一個商業模式的創新並不是只能包含一種創新元素，通常可以是多個創新元素的集成融合，能最大程度地發揮創新的效用，為企業帶來更大的價值。

4.「跟隨模仿性創新」

「跟隨模仿性創新」是指透過模仿而進行的創新活動，具體包括兩種方式：一是「完全模仿創新」，即對市場上已有模式的仿製，完全模仿本質上也帶動了企業的創新活動，許多企業的發展都從模仿其他企業開始；一是「模仿後再創新」，是指對市場上已有模式進行再創造，研究他人的模式後，經過消化吸收，結合企業自身的特性，透過創新，達到甚至超過原有模式的水準。

二、商業模式創新的實現路徑

商業模式的創新實現路徑有以下幾點：

1. 重新定義顧客，提供特別的產品和服務

顧客需求正不斷地產生變化，企業根據這種變化來重新定義顧客，選擇新的細分顧客，提供特別的、更新的、更快的、更完整的產品和服務給予顧客。可以證明企業嘗試去適應顧客的需求，以獲取潛在的利潤，是從根本上創新的商業模式。

例如，春秋航空避開了與大航空公司的正面競爭，作出了特別的顧客定義，抓住觀光度假旅客與中低收入商務旅客的需求，僅僅只是對顧客提供最基本的服務，如：在飛機上僅提供一瓶免費的礦泉水等，以此來降低機票價格，「省之於旅客，讓利於旅客」，創造出了中國國內唯一的「廉價航空」商業模式。

我們既要能區分顧客與顧客之間的不同需求，也要能注意顧客自身需求的變化。透過發現生活方式的改變來獲取商機，我們不再只是要細分顧客，而是需要細分生活方式，或者說，企業將不再是透過細分顧客來發現商機，而是透過發現生活方式的改變來獲取商機。

2. 改變提供產品或服務的路徑

所謂改變提供產品或服務的路徑，就是指「改變分銷管道」。

例如，戴爾消除了分銷商的環節，創造了直銷的商業模式。戴爾透過電話、郵件、互聯網以及面對面與顧客的直接接觸，能根據顧客的要求訂製電腦。透過直接接觸，特別是互聯網，戴爾能夠掌握第一手的顧客需求和回饋資訊，為顧客提供「一對一」的服務。

基於工業時代的固定的、標準的、模式化的產品或服務無法滿足現代消費者個性化的需求，而基於資訊與知識時代的開放的、包容的、具有個性化選擇功能的「解決方案」，才能滿足現代個性化的需求。因此，從現在開始到未來，企業的產品將是一個或一種「解決方案」，即是企業的產品將不再是有形的實物或完整的服務，而是基於個體的、個性化生活方式的「解決方案」。

3. 改變交易模式或計費方法

改變交易方式，指的是可以考慮是否「採用信用交易」、是否「實行競標」等；改變計費方法，則是可選擇不同的計費單位，例如：是否分期付款、是否給予折扣、或者捆綁定價等。

舉例來說，Google創造了「競價廣告」的商業模式，其依據客戶購買的關鍵字，以純文字的方式將廣告安置在相關搜尋網頁面的右側空白處，當有人點擊廣告時才付費，使用搜尋引擎變成企業推廣的利器，給企業帶來了高額的利潤。

4. 改變顧客服務體系

中國在顧客服務上做的最好的莫過於海爾，其依靠龐大而有效的資訊化組織來保障，海爾建立的閉環式服務體系，使服務創新每次都走在行業前端。例如：當顧客撥打「海爾全程管家365」的專線，就可以預約海爾提供的安裝、清洗、維護家電的全方位服務，增值的服務儼然成為海爾的商業模式中不可缺少的部分，提到海爾，人們就會聯想到優質的服務。

5. 發展獨特的價值網路

所謂的「價值網」指的是不同的市場主體在同一時間內共同在市場上所創造的價值，相互之間不是先後順序關係，而是網狀關係，他們是在一個生態圈裡或者食物鏈上。

一個成功商業模式的戰略結構應該是：在產品層次上雙贏，在服務層次上領先，在規則層次上壟斷，是透過商業模式的巧妙設計，讓每一個人在這個遊戲裡獲得自己應該有的東西。

例如，高通公司專營IPR轉讓，其轉讓費通常在產品售價的6%左右，這是一種明碼標價又非常單一的賺錢模式，它的基本模式就是「我壟斷標準，你壟斷市場，他壟斷產能，其他人壟斷勞動力等等……」但是大家都仍在同一個生態圈裡，誰都離不開誰，這是一種多重壟斷所形成的價值鏈。

6. 改變滿足客戶需要的實現方式

實現方式的含義除了有手段、途徑、管道、媒介、載體，也包括了產品和服務。若沒有新的實現方式，就不存在新的商業模式。

7. 企業賺錢或盈利的三個境界

企業賺錢或獲得盈利的三個境界，分別為「賺錢」、「賺大錢」和「可持續賺大錢」。要想「賺錢」，就必須找到適合你自己的商業模式；要想「賺大錢」，就必須在你找準商業模式之後，孤注一擲地執行；要想「可持續賺大錢」，就必須研究消費者的偏好變化，以迅速調整你的商業模式，時刻保持你的企業滿足客戶偏好的核心競爭力，如此才可能達成持續賺大錢的目標。

定位：發現商機，政策就是趨勢

何謂「定位」？指的是如何讓產品在預期顧客的心智中產生區隔，也就是「搶占心智資源」，而「定位」即是「產生區隔」。

企業能提供什麼樣的產品和服務、能進入什麼樣的市場、提供什麼樣的客戶服務、深入行業價值鏈的哪些環節等等，這些都屬於「定位」的範疇。舉例來說，一般商店裡賣的工具都是方便右撇子使用的，有一位德國人發現並分析了這個現象，得出想法如下：

1. 有些工具，左撇子用不了。
2. 德國人中有11％是左撇子。
3. 左撇子希望買到合心意的工具。

於是這個德國人開了一家左撇子工具公司，生意興隆。

定位設計工具：顧客／合作夥伴的價值曲線

在《藍海策略》（Blue Ocean Strategy）一書裡提到了四個要素，也就是「剔除」、「減少」、「增加」和「創造」，如右頁圖所示：

因此在做定位設計的時候，每一個企業都要思考「自己最關鍵的顧客價值是什麼？」只有滿足顧客的價值，才能實現企業自身的價值。

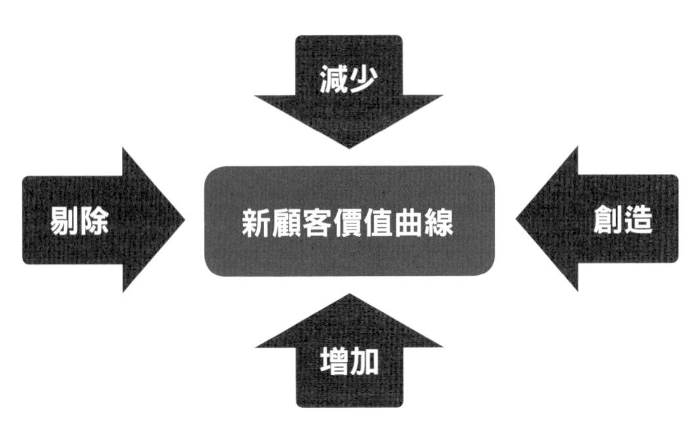

定位設計工具——顧客／合作夥伴的價值曲線

而針對顧客的價值，有三個方向可以討論：

Q1：競爭對手已經滿足了顧客需要的價值，你可以滿足嗎？

A：可以，你要做得比同行更好。

Q2：顧客所需要的價值，競爭對手沒有滿足，那麼你可以滿足嗎？

A：可以，因為那是顧客需要，但是同行卻做不到的。

Q3：你的競爭對手和顧客都不明白這個價值很重要，但是你能為他創造出來嗎？

A：可以，因為那是顧客需要，但是他卻不明白的。

舉例來說，許多人買房子都是買自己的房子、自己的地契，但是有些人有分時渡假的概念，於是就出現了一種渡假住宅，理論上你有一間房子，但是一年內只能使用幾天。

想想，你真的有到自己的房子去渡假的需求嗎？沒有，因為這是被塑造出來的。

因此我們在提供價值曲線的時候，就需要思考：

「哪些被產業認定為理所當然的元素需要剔除？」

「哪些元素的含量應該被減少到產業標準以下？」

「哪些元素的含量應該被增加到產業標準以上？」

「哪些產業從未有過的元素需要創造？」

意思是，當你將最重要的幾個價值列舉出來之後，其他的價值你便不需要重視。舉例來說，我想開一家飯店，我認為客房要安靜、床位品質要好、衛生程度要好，當我決定這三點是我的飯店最關鍵的價值的時候，就不需要理會別人的飯店有什麼或者沒有什麼，因為其他的價值我不需要重視。我的客房不夠大？沒關係；我沒有很多家具？沒關係；我的大廳沒有很多設備？沒關係，因為我就是標榜「床位品質好、客房安靜、足夠乾淨和衛生」，我只要做到我所標榜的重點，就算其他的競爭對手有別的價值，我都可以剔除它。

就像是，大部分的廉價酒店是沒有自己的餐廳的，因為酒店將餐廳的空間都拿去作為客房了，因為餐廳與飯店所要的衛生、安靜等價值一點關係都沒有。當這些並不是你要給予顧客價值的東西，你就可以剔除，因為對你來說，這些都不是你的重點，但是你覺得重要的東西，就可以增加，例如：客房的隔音牆做更厚。當你設定出所要的價值之後，其他的因素都可以剔除。

定位案例：法國雅高酒店

法國有一個著名的雅高酒店集團（Accor），其主要顧客為中小企業的商務人士，它的產品或服務的價值可能有數個（例如：餐飲設施、建築美感、大廳、客房大小、櫃台服務便利性、客房家具及設施、床位品質、衛生、客房安靜程度、價格），然而雅高酒店卻只挑定了三個價值（床位品質好、衛生程度好、客房安靜程度高）做得比競爭對手好一點，至於其他的價值元素比其他競爭對手做得差，甚至取消都無所謂，因為那不是他們所強調的。如右頁圖所示：

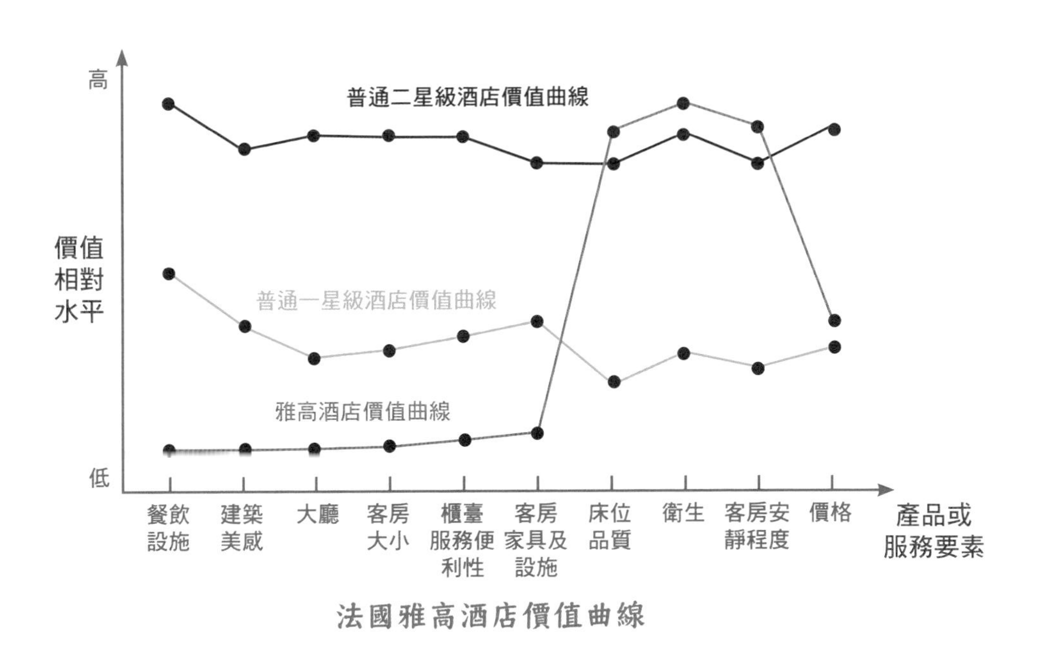

法國雅高酒店價值曲線

因為現代的關鍵定位在於：你不要試圖去討好所有人，不要試圖去討好所有顧客的需求，那是不可能的！只要做到自己所強調的關鍵價值就已足夠。正因如此，雅高集團在全世界擴張了相當多的酒店數量。

而雅高集團旗下的「宜必思」飯店為能夠給予長期利潤增長的顧客群，提供了「獨特的價值」，這使它獲得了巨大的成功。截至目前，雅高的4千1百家酒店遍佈了全球5大洲，共90多個國家，在經濟型酒店與中檔酒店中處於世界領先地位，在高檔與奢華酒店當中也是主要競爭者，已經成為歐洲第一大酒店集團，並且仍然不斷地發展。

目前，雅高集團在中國經營7個品牌，包括：索菲特、鉑爾曼、美憬閣、美爵、諾富特、美居和宜必思，全線覆蓋從經濟型到奢華型酒店的市場，在大中華地區的47個城市中，共經營104家酒店。然而，隨著新客戶的出現，顧客價值也可能會產生改變，這是必然的現象。

定位案例：Formule 1酒店

當時於80年代，市場有新的需求出現，年輕的白領和學生成為一股新的旅客群體，他們的要求更簡單，就是「找一個過夜的地方」。因此，雅高集團於1985年又適時地推出了更便宜的酒店——「一級方程式」（Formule 1）。

「一級方程式」採用汽車旅館式的服務，進一步地降低與「住宿」關係不大的設備和服務。整個酒店建築用工廠化的模組拼接而成，只有在旅客入住和離開的高峰時間，才有大廳接待人員，在其他時間，旅客使用的是自動答錄機。

「一級方程式」提供從單人到4人的房間，但是面積更小，床位是上下鋪，沒有桌子，用架子和晾衣桿架來代替衣櫥，住客需要自備拖鞋、香皂，廁所和盥洗室也是公用。然而「降低」這些成本，可以用來改善住客最看重的項目：「衛生標準」、「安靜程度」和「床位品質」，這部分仍然保持了二星級的水準。

定位案例：飛馬旅行社

英國的飛馬旅行社是一家利用自有船隻為遊客提供到愛琴海群島旅遊服務的旅遊公司，自50年代成立近半個世紀以來，飛馬旅行社在此領域的絕大時間都占據著市場首位。然而，20世紀90年代初，這個排名產生了變化，飛馬旅行社的市場份額逐漸被兩家競爭者所蠶食。

飛馬的第一個競爭者是一家義大利公司，其賣點在於低價，同樣的服務，能有更便宜的價格。透過詳細的調查研究，飛馬進一步發現這個義大利競爭者之所以價格能如此低廉，是因為他們的船不僅載人，還同時替諸島運送食品和建築材料等。原來這一個競爭者在進入愛琴海諸島旅遊市場以前，是在義大利從事運輸業務。很自然地，他們就將遊島體驗也定義成為運輸業務，採取「人、物混裝，一船兩用」的戰略，很輕易地就將價格壓下來了。

這個戰略意味著義大利競爭者的船隻和飛馬相比，速度會慢一些，班次也會相對少一些。然而，在其所有的廣告宣傳裡，義大利競爭者強調了他的低價，對於其他的弱點卻避而不談。

飛馬的第二個競爭者是一家新成立的希臘公司，與第一個競爭者的義大利公司強調的低價不同，希臘公司的賣點在於產品，也就是更大、更好的產品。

首先，在遊覽線上，希臘公司從愛琴海諸島拓展到整個東地中海，包括埃及、以色列和賽普勒斯。其次，在服務上，它提供了更具異國情調的遊島體驗，它將公司的業務定位為「提供整個東地中海的遊覽服務」。此定義使希臘公司購買了不同種類的船，採用了服務於對這些遊覽路線感興趣的度假者的戰略。

飛馬旅行社應該怎麼做？

思考一下，如果你是飛馬旅行社的老總，你會怎麼做？

飛馬旅行社的作法

飛馬公司為了走出困境，不惜重金禮聘一家著名的諮詢顧問公司為自己出謀劃策。經過一番調查研究之後，顧問公司提出了兩點建議：

一是買更大的船，為遊客提供比希臘對手更多的遊覽項目。

二是盡可能地降低運營費用，將降低的費用轉為更低的價格，讓遊客受惠，使飛馬能與義大利對手競爭。顯而易見，這是一個試圖達到「1＋1>2」的策略，顧問公司將兩個對手的策略融合在一起，準備「以其人之道，還治其人之身」。

在往後的4年裡，飛馬旅行社依循著顧問公司的建議行動，然而卻沒有任何進展。

為什麼呢？

仔細分析，你會發現這個建議存在著很大的問題。

首先，其建議的關鍵點都是兩個對手的優勢所在，例如，義大利公司原本就是做運輸起家，結合遊覽和運輸的成本優勢牢不可破；其次更致命的是，這個建議絲毫沒有考慮到飛馬自身的特點和優勢，純粹是簡單的「以己之短，擊敵之長」。

飛馬旅行社的新作法

1995年年初，飛馬旅行社不得不放棄此定位，轉向另一個定位：

飛馬旅行社瞄準主要想遊覽希臘群島的遊客，使他們在這些島上的經歷盡可能地令人興奮。這個決定讓飛馬的經理們賣掉了他們的大船，轉而購入更小、更現代的型號；同時引入船上的娛樂專案，包括雇用受過專業訓練的歷史學者來解說所遊覽的每一個島上的歷史，以及提供每一個島上的特色菜。從近年的財務結果來看，這個定位成功了。如下圖所示：

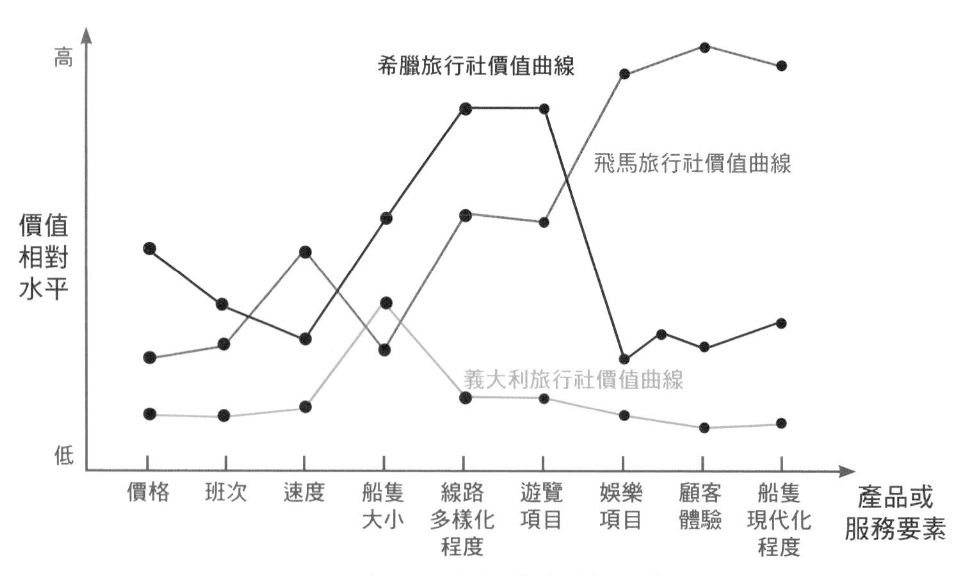

飛馬旅行社的顧客價值曲線

定位一明確，諸多的措施也就隨之而出。例如，強調「體驗」而非「旅程」的決定，使得飛馬抓住了一個新的客戶群，進而採取了完全不同的行銷宣傳，雇用了完全不同的工作人員。

其成功的原因在於，飛馬經營愛琴海遊覽路線多年，累積了大量關於各島的風俗、歷史和最佳航渡路線（如不同季節的最佳遊覽路線）的知識，這累積了半個世紀的運營經驗才是飛馬旅行社真正的優勢所在。

飛馬認知到，將遊客快速地從一個島運送到另一個島，這只是度假體驗的第一個層次，飛馬可以做許多其它的事情來增強遊客的度假體驗。例如：提供歷史解說，品嚐當地菜肴，從而提升服務的內涵。飛馬也將其新的定義傳達給遊客，告訴他們：「是的，X公司是便宜，Y公司的船是更大，然而你可和我們一起沉浸在島群的文化和歷史當中，享受我們35年的群島導遊經驗」。根據重新定義的業務，便可採取相應的行動，一旦採用了某種「定位」，該有什麼行動也就一目了然了。

定位案例：國際快遞

在全世界有相當多的國際快遞公司，然而其中有三個知名的國際品牌：UPS、FedEx、DHL。只要看三大品牌的電視廣告，就可以知道他們的定位是截然不同的：

UPS的品牌定位是強調可靠、準時送達的。在廣告裡，當快遞人員將貨物送到之後，在他們的身後都會很巧地有一個時鐘，以表示快遞人員是準時送達的。

而FedEx的品牌定位是強調使命必達。在廣告裡，快遞人員連遭遇淹水都能將貨物安全送到，雖然可能會遲到。意指遇到再大的外在困難，他們都會將貨物安全送達。

DHL的品牌定位則是強調物有所值。在廣告裡，連一隻大象都可以裝進快遞盒裡運送出去，強調再大的貨物，他們都有辦法能幫你運送。

因此，當顧客選擇快遞的時候，就有三種不同的價值可以考慮：貨物很巨大的，就找DHL；貨物必須一定能送到的，就找FedEx；一定要準時送達的，就找UPS。三個國際品牌各有其定位，因此在世界上各有自己的一片江山。

重新定位案例：產品即行銷，大疆無人機

大疆為全世界最大的無人機公司，作為一家創業型企業，大疆於2013年年初才發布了它的第一款產品：「大疆精靈」。在那之前以及它發布後的一段時間內，它和大多數的創業產品一樣默默無聞。

然而，大疆最大的優勢就是產品足夠可靠並且吸引人，因此作為一款小眾產品，它在關注這個領域產品的愛好者當中有著不錯的口碑，並且它的用戶遍佈全球（雖然不那麼多）。

不知何時開始，許多人發現大疆無人機出現在全球各個地方。例如：2014年10月，有新聞報導敘利亞武裝人員擊落了一架遙控飛行器，聲稱這台飛行器來自於政府軍，實際上飛行器的側面有「Phantom」的字樣；2015年1月，美國華盛頓執法部門發現一架小型無人機闖入白宮，這架小型無人機正是大疆的產品，這些新聞都在網路上被熱烈討論。

輿論最高潮在於中國歌手汪峰在演員章子怡的36歲生日派對上，透過大疆無人機送來了一顆鑽戒，向章子怡求婚，在這個娛樂至上的國度，此消息瞬間引爆了網路，而大疆無人機也因此登上了網路熱議的話題榜。無人機產品在中國絕對算得上是一個小眾領域產品，但憑藉著其產品魅力而引發的討論，卻比大部分的大眾領域產品還多。

盈利模式與設計：開創新的盈利點

「盈利模式」包括企業的收入結構、成本結構以及相應的目標利潤；「盈利模式」是在給定業務系統中各價值鏈的所有權和結構已確定的前提下，企業利益相關者之間的利益分配格局中企業利益的表現。

盈利模式有兩個基礎概念，一、如何找到更多人來幫自己的顧客付錢，二、如何找到更多人來幫自己付成本。

也就是說，如果有人能幫你的顧客付錢，那麼你的顧客就不必花那麼多錢來「成為你的客戶」，顧客當然更願意來找你購買東西；那麼該如何找到更多人來幫自己付成本？例如，我做一件事原本需要1百萬元，但是因為有人幫我出了50萬元，現在我只需要50萬元，當我的成本降低了，當然就可以提高我的利潤和利益價值。

因此，「盈利模式」在任何一個企業當中都是重要的，但是現在的盈利模式與過去相比已經改變了許多，過去是以販售東西，將收入減掉成本之後的盈餘來看，但是現在的時代已經改變了，出現許多不是只看收入和成本的支付概念：因為可能一個產品我販售出去，但是我一毛錢都沒有拿到，甚至將產品送出去都有可能，為什麼？只為了能先鎖定顧客，在日後再產生「盈利點」。因此現在很多企業都在談「盈利點後退」，也就是「盈利點」已經不在前端，而是在後端，這種情形已經越來越多了。

而一個好的盈利模式的設計要注意到上述的兩個原則，重點在於第

一、別人為什麼願意幫你的顧客付錢？因為他需要你的顧客成為他的顧客，所以他願意先幫你的顧客付一些費用，當然有的是「全額支付」，有的可能是「部分支付」。

第二、別人為什麼要來幫你付成本？因為他希望你的平臺可以成為他的平臺，他就願意幫你付錢。例如，飛機、高鐵上都有免費的雜誌可以閱讀，飛機或高鐵公司自己付了印刷雜誌的成本，但是乘客看雜誌卻是免費的，為什麼？因為雜誌有廣告收入。那麼為什麼要在雜誌上登廣告？因為廣告商希望飛機或高鐵上的乘客看到廣告，來買他的產品或服務，所以看雜誌的人不用錢，因為登廣告的廣告商已經付了錢，這些廣告費便成為飛機、高鐵營收的來源。

又如，臺灣年底有一個節目「紅白大對抗」，這個節目就是由臺灣大哥大所贊助的，臺灣大哥大為什麼贊助節目？因為他們希望現場在小巨蛋的1萬6千人能看到臺灣大哥大的廣告內容；在電視播出時，有臺灣大哥大的LOGO放在螢幕上曝光，廠商希望所有看電視或在現場看節目的觀眾都可以成為他們的顧客，使用他們的服務等等，所以他們願意贊助紅白大對抗的整個節目場地成本與各種費用。

因此，「找到更多人來幫自己的顧客付錢」、「找到更多人來幫自己付成本」，這兩個關鍵是盈利模式的基本設計要求。例如，浙江衛視播出的節目「奔跑吧兄弟」，就是由伊利乳業提供贊助與宣傳，浙江衛視節目的團隊負責策劃和商業包裝。廣告商想登廣告就必須付廣告費，觀眾可以免費觀看並透過短信投票，中國移動和中國聯通電信則提供短信平臺，浙江衛視提供頻道，並獲取以上活動所產生的相關收入。在過程裡面有各自的人各自出錢，各自滿足自己不同的利益與價值。

典型盈利模式

一般典型的盈利模式有三種收費方法，第一種為「入場費」，第二種為「過路費」，第三種為「停車費」。例如，連鎖加盟的「入場費」就是加盟費，「過路費」就是加盟時所需購買的器具、佐料等物品，而總店要賺加盟者一手的錢，即是「過路費」，每個月的收入按照總店的輔導層級收取2%、3%的費用，這是管理費，也就是「停車費」，所以連鎖加盟共收了三種費用。

而收費方式則有「固定」、「剩餘」和「分成」。「固定」即是只收固定費用，例如：收年費，其他不收；有些則是按照分層的，如格子趣，他將這一個格子提供給你賣東西，並不收費，但是如果你賣出了東西，他得要拿多少的提成；或者是按時、按量、按費用、按價值等方式來收費。也可按時間來付費，例如：一個月多少錢、一個禮拜多少錢、一天多少錢的收費模式；有些則是按數量來收費，例如：限制上網的流量。

我們都可以用不同的價值與不同的配套來收費，因此每個人在設計盈利模式的時候，都可以有自己的思維，都可以運用不同的內容面來「找錢」。

盈利模式設計案例：通用電氣

通用電氣飛機發動機公司（GEAE）開發了「按小時支付」的盈利模式，也就是客戶不再根據發動機本身付款，而是根據對發動機的實際使用情況付款，它降低了客戶過往必須在前期精確地確定購買多少發動機的壓力。對於那些願意自己持有發動機的客戶，GEAE還提供了「零部件」也就是保險，保證在24小時之內將更換的部件交付給任何一個機場。

透過這種方法，GEAE獲得了大量的發動機服務合同，實現了其盈利模式從產品銷售的一次性收益到產品生命週期長期收益的轉變，為客戶創造了真正的價值，從而進一步鞏固了其在客戶價值鏈中的地位。

通用電氣綜合利用了以下四種盈利模式：

一、訂閱模式

「訂閱模式」是以週期性訂閱的付費方式取代一次性的交易，能保證長期穩定的收入流。例如：按月度或年度定額收取保養維護費用。企業可按照月度或年度週期的固定收費率向航空公司收取維修保養費用。

二、量化模式

「量化模式」是按照服務可度量值收費，此模式在保證了服務收費的精確性的同時，考慮到了客戶的使用頻率變化，客戶可以多用多付、少用少付。例如，企業可按照引擎的在空時間向航空公司收取維修保養費用。

三、效用或費用模式

「效用或費用模式」是基於服務的效用收費，根據客戶實際使用的資源數量和效益指標綜合計算所得出。例如，按照實際維修時間和人員成本計算維修費用，在維修高峰時段客戶需付額外費用，低峰時段則可以獲得折扣。

四、價值模式

「價值模式」是指按照實施服務創造的價值向客戶收取費用，與客戶共擔風險並分享收益。例如，企業代航空公司維修保養飛機引擎，證明客戶透過減少引擎故障，增加有效運營時間和收益，並從客戶增加的收入中抽取一定的比例作為服務費。

中國大陸的案例為，遠大空調意識到那些擁有大型住宅和商業建築的客戶不再願意購買與自己維護空調設施，為此遠大改變了銷售方式，從賣空調機轉變成為銷售「冷和熱」。

盈利模式案例：小紅書

小紅書的盈利模式為：境外購物的「知乎」。

小紅書的產品定位是一個提供出境購物資訊、分享購物需求和心得的平臺，搜集了各地達人心得，為出境購物的愛好者提供詳細的購買攻略。其中包括不同國家的退稅或打折資訊、品牌特色商品推薦、購物場所、地圖索引和當地的實用資訊。

其中的「攻略」與「購物筆記」兩部分既互補，又互有差異。最先上線的「攻略」，是找當地購物達人所編寫製作出來的PDF文字檔案，用戶可以透過PC端與iOS平臺下載，可以離線閱讀，便於用戶透過手機、iPad隨身攜帶，也能夠被列印出來。

據公開資料顯示，小紅書於2013年10月首次於市場上推出第一款產品：「小紅書出境購物攻略」APP應用程式，在蘋果Apple Store上線三個月之後，其下載量達到數十萬次；第二款產品：「社區性質的購物筆記」接著於2013年12月上線。2014年3月，小紅書宣佈完成A輪融資。

小紅書CEO毛文超透露，一線城市用戶仍是小紅書的主流，占了50%。在特徵上，「小紅薯」（指小紅書用戶）們的年齡分佈在18歲至30歲，以學生、白領居多，其中女性占了70%至80%，因此社區討論集中更多在護膚、美妝、包包、保健品等女性話題上，而數位、戶外等商品討論則相對冷門。

盈利模式案例：達令禮物

達令禮物的盈利模式為：以禮物為切入點。

這家最初以禮物作為切入點的購物APP應用程式，堅持做海外品牌的創意禮物，包括家居、創意、配飾類的商品。

據達令禮物的店副總裁王西說明，光讓購物變得簡單還不夠，目前正在細節中一點一點地打造，讓用戶體會時尚購物的幸福感。舉例來說，用戶下單之後，達令禮物保證在24小時之內以統一的禮盒包裝送出；每一份訂單裡還將加入一個小禮物，並且於30天至45天就會換一種，這也是目前達令統計用戶重複購買的週期，避免用戶總是收到同一款贈品的情況，禮物就是「品牌」本身。

此外，達令禮物的商品圖片全都是自家拍攝，有專門的攝影師負責，文案、購買等每個與消費者接觸的點和細節，CEO都親自控管。

達令禮物的商品售價多數為幾十元到2、3百元（人民幣）之間，最貴的會達到2、3千元。使用者下單速度為50幾秒，重複購買率較高，在40%至50%之間。2013年，達令禮物完成A輪融資，2014年12月完成B輪融資。2014年5月底「達令禮物」上線蘋果Apple Store，3個月之內就達到了150萬名下載用戶。

目前，達令禮物海外合作的品牌已有50多家，總計5百多個品牌，其中有70多家是獨立品牌。

盈利模式案例：楚楚街

楚楚街的盈利模式為：特賣。

楚楚街負責市場的副總裁蒙克在接受採訪時指出，楚楚街不會和同樣轉型的蘑菇街、美麗說作對比，他的競爭對手只有唯品會，而發力於移動端，將讓此一夢想成為現實。

據協力廠商易觀國際發布的移動端資料顯示，楚楚街活躍用戶數排名第5，僅次於淘寶、天貓、京東、唯品會的用戶端。

目前，楚楚街正在竭力擺脫「9塊9包郵」的標籤。副總裁蒙克透露，在未來，「9塊9包郵」不會再是楚楚街的主打，它只是平臺拉新策略的一部分，作用是利用較低的成本將初期用戶吸引進來，並在後期為消費者提供「製造驚喜」的服務，因為「值得買」、「品牌團」才是楚楚街的使力重點。

盈利模式案例：明星衣櫥

明星衣櫥的盈利模式為：最優匹配單品。

明星衣櫥採取技術加人工的模式，每天從全球1萬多張的街拍照片中挑選出各種風格的時尚精品進行搭配，例如：日韓、歐美等，進行分門別類。隨後，透過累積的搭配模型資料庫，對明星服飾進行解析，進而在淘寶店鋪等電商平臺的海量更新商品中，尋找出最優的匹配單品。

明星衣櫥以一種「時尚DNA資料庫」的模式，實現流行時尚和大眾消費之間的有效對接，吸引了大量用戶。經過3年的營運，明星衣櫥已經累積幾十億種的搭配技巧和4千8百萬的使用者，日活躍用戶達到4百多萬，2015年的毛收入將達到30億人民幣左右。

在2015年的「520女神節」期間，僅僅1小時，明星衣櫥的全平臺銷售額就突破了8百萬元，當天銷售總額則達到了8千萬元。據明星衣櫥CEO林清華透露，於2015年已投入5億元來推動市場，力爭實現1百億元交易額。據瞭解，明星衣櫥未來的主要增量將來自於國外流行品牌。

尋找關鍵資源和能力

關鍵資源和能力指的是，讓業務系統運轉所需要的有形或無形的資源和能力，以及在業務系統上的分佈狀態。

該如何善用彼此資源，來創造出彼此的共同利益？首先要觀察的是自己的核心關鍵資源是什麼？關鍵資源也就是自己願意投注最多精力去發展，想將它做得更好的部分，而關鍵能力即是自己不可被取代的獨特能力。思考一下，你掌握了哪些關鍵資源？你擁有哪些獨特的能力？這即是關鍵資源和能力。

因為在這個新時代，你不需要什麼事情都自己做，你只要將核心能力明確地掌握住，其他的只要「別人有的拿來用，自己有的分人用」即可。

但是你的核心能力要足夠強大，例如，實踐家擅長銷售，就會有很多同行和我們合作，提供他們的顧客資源來讓我們做銷售，再做分成。因此我們只要把銷售做到最好，讓服務做得最好的人去服務，讓研發最好的人去研發，讓生產最好的人去生產，每一個人只要把自己的能力做到最好，當這樣的核心能力最強大的時候，其他的一切事物皆可整合、合作、互動，不需要什麼都自己做。

當然，首先需要清楚「什麼是你的資源」、「什麼是你的核心能力」，每個人都可以先盤點自己的資源、盤點自己的組織中最重要的資源、盤點自己最重要的能力。當資源有了、能力有了，再進行後面的整合流程。

什麼是企業的資源？

「企業的資源」就是企業所控制，能夠使企業構思和設計好的戰略得到實行，進而提高企業經營效果和效率的特性，包括：全部的財產、能力、競爭力、組織程式、企業特性、資料、資訊、知識等。

而企業的資源主要有以下幾類：

一、金融資源

「金融資源」是來自各利益相關者的貨幣資源或可交換為貨幣的資源。例如：權益所有者、債券持有者、銀行的金融資產等，企業留存收益也是一種重要的金融資源。

二、實物資源

「實物資源」包括了實物技術（如企業的電腦軟硬體技術）、廠房設備、地理位置等。

三、人力資源

「人力資源」指的是企業中的訓練、經驗、判斷能力、智力、關係，以及管理人員和員工的洞察力、專業技能和知識、交流和相互影響的能力、動機等。

四、信息

「信息」是指豐富的相關產品資訊、系統、軟體、專業知識、深厚的市場管道，透過此管道可以獲取有價值的需求供應變化的資訊等。

五、無形資源

「無形資源」指的是技術、商譽、文化、品牌、智慧財產權與專利。

六、客戶關係

「客戶關係」指的是客戶中的威信、客戶接觸面和接觸途徑、能與客戶互動、參與客戶需求的產生、忠實的用戶群。

七、公司網路

「公司網路」指的是公司擁有的廣泛的關係網絡。

八、戰略不動產

「戰略不動產」相對於後來者或位置後面一些的競爭者來說，戰略不動產能使公司進入新市場時獲得成本優勢，以便增長更快。例如：已有的設備規模、方便進入相關業務的位置等。

什麼是企業的能力？

「企業的能力」是企業協作和利用其他資源能力的內部特性。企業的能力是由一系列活動構成的，能力可出現在特定的業務職能中，它們也可能與特定技術或產品設計相連結，或者存在於管理價值鏈各要素的聯繫或協調這些活動的能力之中。

特殊能力與核心能力這些術語的價值在於：它們聚焦於競爭優勢這個問題，其關注的並非每個公司的能力，而是它與其他公司相比之下的能力。

而企業的能力可以劃分為：

一、組織能力

「組織能力」意指公司承擔特定業務活動的能力。例如：正式報告結構、正式或非正式的計畫、控制以及協調系統、文化和聲譽、員工或內部群體之間的非正式關係、企業與環境的非正式關係等都屬於此類。

二、物資能力

「物資能力」包括原材料供應、零部件製造、部件組裝和測試、產品製造、倉儲、分銷、配送等能力。

三、交易能力

「交易能力」包括訂單處理、發貨管理、流程控制、庫存管理、預測、投訴處理、採購管理、付款處理、收款管理等。

四、知識能力

「知識能力」如產品設計和開發能力、品牌建設和管理能力、顧客需求引導能力、市場訊息的獲取和處理能力等。

五、機會發現和識別的能力

「機會發現和識別的能力」意指對環境和機會的敏感性和感知能力、正確判斷該機會的性質的能力等。

關鍵資源和能力的確定方式

「關鍵資源和能力」指的是讓商業模式運轉所需要的相對重要的資源和能力，而企業內的各種資源、能力的地位並不是均等的，不同商業模式能夠順利運行所需要的資源、能力也各不相同。

關鍵資源和能力的確定方式，有兩種：一、根據商業模式的其它要素的要求確定，例如：不同業務系統所需要的關鍵資源能力是不相同的，不同盈利模式所需要的關鍵資源、能力也不同；二、以關鍵資源能力為核心，構建整個商業模式，常見的做法包括：以企業內的單個能力要素為中心，尋找、構造能與該能力要素相結合的其他利益相關者，對企業內部價值鏈上的能力要素進行有效整合，以創造更具競爭力的價值鏈產出。

關鍵資源和能力案例：高通（從技術到標準）

屬於世界前五百強企業的高通（Qualcomm），是一個制訂3G通信標準的公司，其以輸出標準，收取IPR（Intellectual Property Rights，智慧財產權）轉讓費而獲利。

高通的做法很高明，其為CDMA構建一個共生共榮的生態圈。簡而言之，就是構建出一個生態系統，裡面包括了：技術開發商、設備商、電信運營商等利益主體，而交互的中心是CDMA技術。

如下圖所示，高通透過自己開發出來的核心的CDMA晶片，自己做電信運營、做基地台、做手機終端，集電信運營商、設備商、技術開發商、終端設備商於一體，可說是集合了整個產業鏈的所有環節。

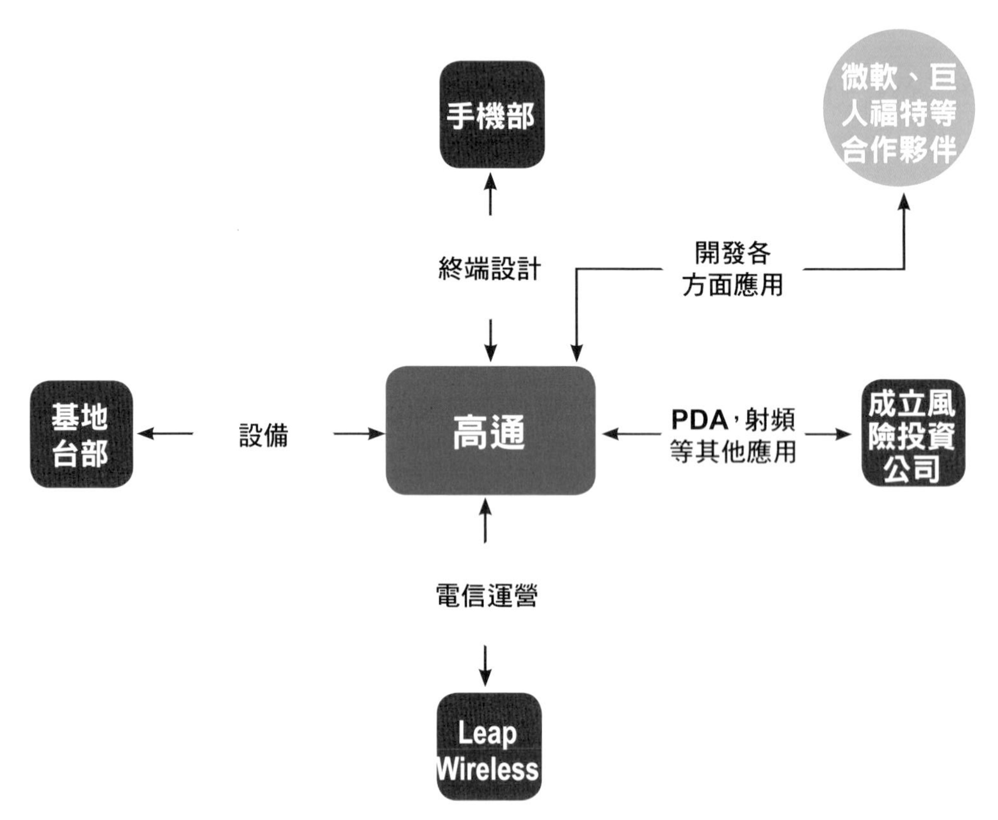

案例：高通（Qualcomm）

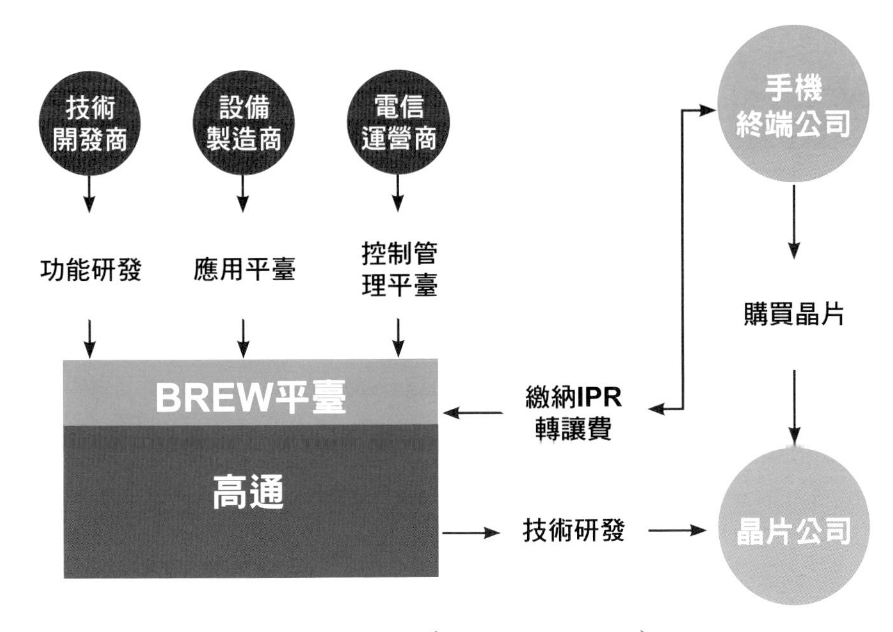

案例：高通（Qualcomm）

當CDMA市場成熟之後，高通開始做出商業模式的轉型。在享受高盈利的同時，高通也一步步地賣掉非主要的業務，將手機部賣給了日本京瓷（KYOCERA），基地台部則賣給了愛立信（Ericsson）。即使是最核心的晶片技術，高通也只是研發，卻不生產。高通透過之前所累積下來的技術標準，將晶片生產外包。

技術開發商、設備製造商和電信運營商透過高通的BREW平臺，開發一系列的殺手級應用，進一步提高晶片的功能級別和市場地位，手機終端公司則成為晶片的使用者和IPR轉讓費的繳納者。

從一開始的技術領先，到後來的標準制定，高通實現了「重資產經營」到「輕資產運營」的關鍵轉型，高通充分利用了自己的關鍵資源能力，這是高通能夠一直成功的真正奧祕所在。

關鍵資源和能力案例：Uber與易到用車

Uber是透過手機下載私家車搭乘服務的APP應用程式，其運作方式為：用戶透過Uber應用程式發出叫車請求，幾分鐘內一輛私家車來到用戶面前（該應用程式能透過GPS追蹤定位私家車），支付和小費則是透過信用卡自動完成。

而易到用車則是透過網站與APP（一是司機終端透過GPS、LBS、WiFi進行車輛的三重定位，二是個人使用者手機終端）以及YMS（易到用車智慧交通引擎）將所有有效的運營車輛進行有效的調度，其特點為1小時預定相應、高端車型、專業配駕與按時計費。

Uber和易到用車都屬於提供商務租車服務的O2O公司，雖然兩者在模式上有一些出入，Uber主要整合閒散的私家車資源，而易到用車由於受到中國政策法規的限制，整合的是比較分散的小模式型汽車租賃公司資源，但是我們可以看到，兩者本質上都是整合閒散資源的。

關鍵資源和能力案例：e代駕

e代駕透過移動互聯網技術，改善了傳統代駕的服務行業，突破傳統代駕公司必須透過呼叫中心才能提供代駕服務的瓶頸，使用者只要打開APP並定位後，就能直接顯示最近的5名代駕司機的名字和信用等級等資訊，並可一鍵呼叫司機和其商談代駕事宜，讓用戶能用最快的速度找到附近的代駕者，進而減少了等待時間。

e代駕平臺上的司機也是整合閒散的資源，並不是雇用的關係。此種便捷且相對便宜的代駕服務在大城市中將有一定的市場，不過此種模式的閉環還不是很完善，此外，由於代駕屬於是低頻、低額的服務，要有規模的盈利並非易事，一般認為更適合利用長尾流量來做。例如，可作為其它相關服務的配套或依附於大型平臺來做。

關鍵資源和能力案例：Airbnb與愛日租、螞蟻短租等

Airbnb是一個旅行房屋租賃社區，使用者可以透過網路或手機應用程式發布與搜索度假房屋租賃資訊，並完成線上預定程式。它是一家聯繫旅遊人士和家有空房出租的房主的服務型網站，能夠為使用者提供各式各樣的住宿資訊。

隨著Airbnb的崛起，中國也出現了眾多模仿者，例如：愛日租、趕集網旗下的螞蟻短租、搜房網旗下的遊天下、小豬短租等。中國的短租網站對Airbnb模式也進行了一些改良，Airbnb很多是遊客和房東住在一起，而中國的短租則主要是利用完全空置的房子。

目前，中國國內短租市場在未來兩、三年內仍將處於市場培育階段，且其門檻較高、投入較大，不太適合一般創業者介入，因為其目標使用者主要為商旅族群，故需要平臺區域覆蓋較廣，才會有較好的累積。

業務系統：創造上下游系統價值鏈

「業務系統」是指從企業內部和外部價值鏈來分析、刻畫和選擇企業達成定位、最大化價值所需參與的業務環節和扮演的角色，以及相關者合作的方式。業務系統主要由利益相關者及其交易活動構成，交易活動包括工作流程及其組成相應的資訊流程、實物流程和資金流程。

業務系統設計：尋找與創建利益相關者

「業務系統的設計」首先須「列出相關的可能（經濟）活動網路」，並「確定企業占據哪些活動」、「確定企業的邊界」，也就是與利益相關者的關係。例如：市場關係、長期契約、代理、經銷、特許、參股、控股、合營等。接著「確定企業的所有者」，也就是各種要素組成的「合作社」，例如：資本、企業家、員工、供應商、顧客、無形資產擁有方等。

小米模式

小米模式＝粉絲饑渴行銷＋C2B預售＋快速供應鏈回應＋「零庫存」策略。

小米於2013年8月實現新一輪融資時，被估值約1百億美金，意味著小米排名在騰訊、阿里巴巴、百度之後，成為了中國第4大互聯網公司，在硬體公司排名則僅次於聯想集團。

在擁有上千個品牌，老手、高手、強手如林的中國手機市場，在Moto、諾基亞等世界手機品牌都落得先後被人收購的年代，小米的仗如何能夠打得如此漂亮？它的業務模式值得研究，小米的模式解讀如下：

一、產品定位

小米將自己定位為蘋果的補缺者，採取了側翼戰為主要戰略形式，定位在手機「發燒友」這個市場，「小米為發燒友而生」。

二、行銷模式

小米最重要的行銷策略是採取「飢餓行銷」模式，有錢也未必能買到小米。在這個粉絲經濟的互聯網時代，小米完全依靠社交媒體，走的是電商路線，使成本大大地降低，在超高的性價比之下仍然有利潤。

三、盈利模式

小米販售手機，其實單憑手機利潤並不高，關鍵在於販售增值服務、衍生產品，同時打造互聯網平臺來盈利。小米甚至推出了一系列粉絲需求的產品，例如：盒子、電視、路由等，可以預測，未來的小米將是依託粉絲經濟，賣的是智慧生活。

四、供應鏈模式

供應鏈模式為：C2B預售＋電商模式交易管道扁平化＋快速供應鏈回應＋「零庫存」策略。

「C2B預售」在供應鏈資金流上得到重要的保障，同時從傳統的賣庫存模式變革成賣F碼（註：擁有F碼的優點在方，在任何時間內不用排隊就能購買手機，問題在於F碼不易取得，依手機價格甚至有88元至8百元人民幣的價格在淘寶出現），並且還是饑渴行銷模式。整個交易過程徹底地扁平化，只有線上的途徑才可以購買，再透過需求集約來驅動後端的整個供應鏈，後端的供應鏈組織約在2周至3周內滿足。此種供應鏈模式對於小米來說幾乎「零庫存」管理，每一個動態的庫存都屬於顧客。

行業價值在於小米作為互聯網思維顛覆了傳統行業供應鏈模式的革新者，將傳統手機此一「重資產供應鏈組織模式」轉變為「輕資產供應鏈組織模式」。

海爾模式

海爾模式為：C2B＋DIY訂製＋扁平化敏捷製造＋開放供應鏈服務平臺模式。

2013年在商業模式創新全球論壇上，63歲的CEO張瑞敏說：

「你要嘛是破壞性創新，要嘛你被別人破壞」。

海爾作為中國品牌、中國製造業的代表，開始了互聯網思維的創新。海爾對商業模式的探索主要在戰略與組織架構。戰略上，變成了「人單合一雙贏」的模式，「人」指的是員工，「單」就是員工的用戶，「雙贏」就是這一個員工為用戶創造的價值以及他所應該得到的價值。

在這個理論之下，海爾現在的8萬多名員工一下子變成了2千多個自主經營體的「小海爾」模式，一般最小的自主經營體只有7個人，將原來的金字塔模式給壓扁了。

張瑞敏認為傳統製造業必須移民互聯網，因為傳統企業不是觸網、就是死亡！其認為海爾這個千億級規模的「巨鯨」該如何脫胎換骨，進行顛覆性的創新？那就是將自己打散，再聚合，也就是實行人單合一、使用者全流程體驗、自組織、開放平臺、按單聚散、產品去商品化、價值交互、介面人等新型海爾的轉型重點。模式解讀如下：

一、C2B＋顧客需求DIY

C2B是以聚合消費者需求為導向的反向電商模式。以銷定產，零庫存的情況下先銷售，然後進行高效的供應鏈的組織，或者說供應鏈的組織已經完成，必須根據銷售的情況來決定生產的排布。C2B預售同時針對使用者加入個性化DIY元素，利用在海爾商城設立「立刻設計我的家」和「專業設計師」平臺，來實現買家的個性化創意。

二、實現以銷定產

2千多個自主經營體的「小海爾」扁平化支撐，打造敏捷供應鏈。

三、物流方面

海爾在全國共有83個倉庫，訂製產品的生產下線到用戶家中控制在5至7天內，目前海爾日日順已在全國設置7千6百多家縣級專賣店，2萬6千個鄉鎮專賣店，19萬個村級聯絡站，2千8百多縣建立配送站，3千多條配送專線，6千多個服務網點。海爾的運營策略為「真正的庫存在路上」與「服務整合，送裝一體」，以及「一張物流網服務線上線下多管道」。

九陽豆漿機模式

2008年，九陽銷售收入達到43億元，同比增長22%，主營業務豆漿機的市場占有率達到86%，2009年的企業市值一度超過海爾。

但在豆漿機火紅的2008年，中國國內一下子冒出了8百多家的豆漿機企業，資本、品牌和技術實力雄厚的大型企業集團的入局，形成九陽真正的挑戰。在2008年，美的（Midea）投資3億元大舉進軍豆漿機市場，從2009年上半年的調查資料來看，美的已經在豆漿機市場占有近14%的份額，而九陽的市場份額則降到了80%。

之後，九陽進入豆漿產業上游的大豆種植加工，此方向非常明確，就是要為消費者提供優質豆漿原料。九陽推出的「陽光豆坊」品牌定位為高品質豆漿原料，2008年，「陽光豆坊」實現銷售收入1258萬元，2015年上半年實現銷售收入1千5百萬元，較去年同期翻了一倍，而「陽光豆坊」的毛利則高達了41%。

自由現金流結構，好模式讓利潤水到渠成

「自由現金流結構」是企業現金流入的結構和流出的機構，以及相應的淨現金的形態。

在企業發展過程中當然需要找到更多的資金，然而在資金的取得上要注意：我們要取得的是風險最低的錢，並非取得最便宜的錢（利息成本最低）。否則就如前述的俏江南創辦人張蘭，其因沒有注意到企業的股權結構，最後將自己的企業白白拱手讓給他人。

現金流結構：企業融資產品和解決方案

資金的取得有幾種方式：

一是以資產負債表左側去做融資，就有建立在特定資產或專案現金流上。包括：應收帳款融資、存貨融資、租賃、專案融資、資產證券化，來獲取企業局部的固定現金流。

二是以資產負債表右側融資建立在企業整體現金流上。包括：貸款、發債券、優先股的轉讓，來獲取企業固定現金流，或者透過可轉換證券、私募股權融資、公開發行股票，來獲取企業剩餘的現金流。

在資金取得的部分將在模塊五做更詳盡的說明。

案例：普洛斯的「化重為輕」

普洛斯（Global Logistic Properties Ltd.）是全世界最大的倉儲物流

公司，需要運用到非常龐大的資金，因為倉儲物流公司需要購地、建設倉儲設施等，因此存在著資金風險有：購地和建設倉儲設施需要龐大資金；利潤回報週期長，一般10年左右才能回報。此外，空置風險也較高，因倉儲物流設施在5%的空置率下（也就是使用率為95%）才能保持10%的投資回報率，如果空置率達到15%，利潤就全被淹沒掉了。

那麼該如何處理這樣的風險呢？

首先，須設法獲得大企業的中長期租賃合同，來穩定收益（目前，「世界前一千強企業」中，有超過半數的企業成為普洛斯的核心客戶，使用其在全世界的倉儲設施）。

接著，將開發好的倉儲設施及長期收益權出售給旗下合資及管理的投資基金，自身為客戶提供高品質的倉儲服務、倉儲資產和基金管理，從而減少自身的資本支出，提高了資本收益率。

更重要的是，新的收入來源為「倉儲屋頂的租賃」，因為數量龐大的倉庫，其屋頂都是平坦的，能租賃給別人做太陽能發電，作為一種新收入的來源。

當我們經營、管理任何企業的時候，要注意穩定的現金流，讓自己的現金流結構可以變得比較平順，避免一時之間若發生財務上的風險，就可能讓整個企業陷入無法繼續運作的危機。

目前，普洛斯管理了17個亞洲、歐洲和北美的基金，資產達到363億元。同時還可以享受REITs（房地產投資信託）所帶來的稅收優惠（根據美國法律，如果REITs將90%的利潤派息給股東，就可以免交所得稅），加上作為上市公司從資本市場上的融資所得以及銀行貸款，其資金管道問題便迎刃而解。

優秀商業模式的特徵

綜合以上所述，一個好的商業模式必須要有：

1. 可預期的增長和規模：複製型生長與成長型生長。

2. 突出的競爭優勢：一看就明白和與眾不同。

3. 平均水準的資源可以產生高水準的績效：初始投入比較少、輕鬆賺錢、輕資產。

4. 分享合作。

5. 多點盈利。

NOTE

企業不但要能運用好自己的錢，

還要能運用好別人的錢和明天的錢。

如果只運用自己的錢，便永遠做不大，

因為自己的錢是有限的，而社會的錢是無限的。

只有運用好別人的錢、明天的錢，運用好虛擬資本，

才能夠將自己的企業做強、做大。

Chapter 5

[模塊五]
資本模式的革命

ENTREPRENEURSHIP REVOLUTION

- 資本運作：玩轉資本市場的價值增長模式
- 上電梯戰略：借金融資本之力迅速擴張
- 眾籌：籌人、籌智、籌資、籌管道、籌未來
- 路演：資本時代企業家的必修法門

資本運作：玩轉資本市場的價值增長模式

「資本運作」又稱為資本運營、資本經營、資本營運，是中國大陸企業界創造的概念，指的是利用市場法則，透過資本的技巧性運作或科學運動，來實現價值增值、效益增長的一種經營方式。簡而言之，就是利用資本市場，透過買賣企業和資產而賺錢的經營活動，具有「以小變大」、「以無生有」的訣竅和手段。

「資本模式」對於要進入資本運作的企業來說，是至關重要的。成功的企業最終將走上資本之路，而如何在資本市場上能夠運籌帷幄、如魚得水，需要的是一套系統資本管理模式。如下說明：

透過資本運作，運用好自己與別人的金錢

企業不但要能運用好自己的金錢，也要能運用好別人的金錢，更要能運用好明天的金錢。同時，企業不但要能運用好「實有資本」，也要運用好「虛擬資本」。企業如果只運用自己的金錢，便永遠做不大，因為自己的金錢是有限的，社會的金錢是無限的，用社會的金錢可以是膨脹式發展。

只有運用好別人的金錢，運用好明天的金錢，運用好虛擬資本，才能夠將企業做強、做大。

資本與資產的交易

「資本運營」就是資本與資產的交易，資本換資產為「投資」，資產換資本為「融資」。

而項目的兩個門為：要以投資之門進入，要以融資之門退出。投資之門要將學問越做越深，融資之門則要將學問越做越淺。

資本運作的發展歷史

19世紀末，股份公司和證券市場迅速地發展，出現了所有權和經營權的分離，所有者原有經營管理企業的權力改由職業經理行使，此時，企業的資本運營也分離為「所有者對資本的運作」和「經營者對資本的運作」兩個層次。

20世紀初，由於證券市場進一步的發展與產權市場的形成，資本運營的內容和形式有了新的發展，許多企業透過法人購股、持股參與證券交易，透過企業併購、收購等活動進行產權交易，迅速擴大了生產經營規模，進行了資本的重新配置，也推動了生產經營的迅速發展。

20世紀30年代以後，西方國家的企業普遍將資本運作原則和方法運用於生產、經營、管理之中，使資本運作與生產、經營在更高層次上結合。

資本運作的原則

一、安全性原則

「安全性原則」指的是，在安全性上，具備能防範風險與避免損失的能力；在風險上，掌握資本運作行為結果與預期目標發生偏離的可能性；在損失上，避免無形損失（包括商業信譽和員工士氣）與有形損失（包括本金損失和收益損失）。

二、流動性原則

「流動性原則」指的是，在流動性方面，能滿足支付需要的能力；在衡量標準方面，能滿足支付需要的速度、滿足支付需要的成本、滿足支付需要的確定程度。

三、效益性原則

「效益性原則」指的是，在效益性方面，具有獲取盈利和推進社會福利的能力。（可持續獲利能力，也就是長期利潤）；在良好的外部環境（社會滿意）方面，具有穩定的獲利能力（客戶滿意）；在協調的內部關係（員工滿意）方面，員工的穩定性高。

企業發展的兩種不同戰略

企業在發展過程當中會有兩種不同的發展戰略，一是「上樓梯戰略」，二是「上電梯戰略」。

「上樓梯戰略」指的是，透過產品做運營，憑藉自身的積累發展壯大；「上電梯戰略」指的是透過資本做運營，借金融資本之力迅速擴張。

而這裡談的是「上電梯的戰略」，因為資本運作是屬於上電梯的部分，一般研發、製作產品、再來販賣，是屬於「上樓梯的戰略」。

資本運作與產品經營

透過不同方法，在資本運作中有兩種不同的方向，一是做產品運營的人，要追求資本利潤最大化，並考慮短期收入與成本；二是做資本運營的人，要追求資本價值最大化，並考慮長期收益與風險。

企業原本就是在三個層面上與人競爭，也就是技術層面的競爭、市場層面的競爭和資本層面的競爭，如右頁圖所示：

企業三個層面上的競爭

資本運作與公司價值

使用「資本運作」，可以有效提高企業的核心競爭力，在經營方面的績效要好；改進企業的投資管理能力，在投資方面的績效要好；改善企業的融資運作能力，則是在融資方面的績效要好。

因此，若能做好資本運作，可以讓公司的價值產生更有效的提升，而公司價值的決定因素在於你的「風險」如何？風險必須要相對地低；你的「獲利性」如何？你的「成長性」如何？能不能持續地成長？

而你的獲利就須觀察三個指標，那就是「經營績效」、「投資績效」與「融資績效」，如下頁圖所示：

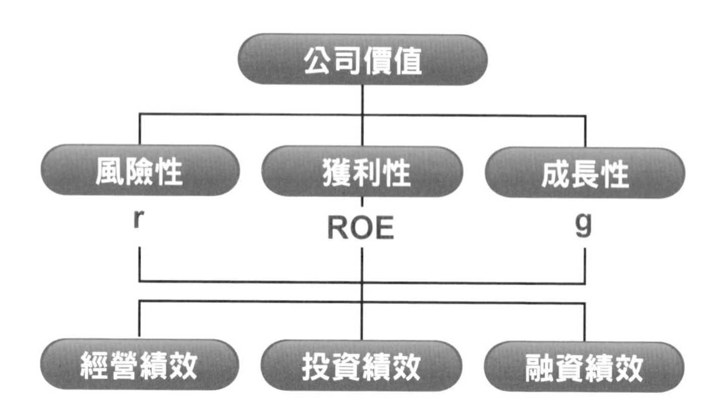

公司價值的決定因素

資本運作的基本要求

這裡談到資本運作的基本要求有幾點，列舉如下：

1. 廣泛搜集資訊的能力（搜集資訊）。
2. 全面分析資訊的能力（加工資訊）。
3. 尋找商業機會的能力（利用資訊）。
4. 籌集、調動大量資金的能力（融資）。
5. 做出投資決策的能力（投資）。
6. 承擔投資風險的能力（風險管理）。
7. 建立商業信譽的能力（品牌管理）。

資本運營的方法

而資本運營有幾種方法，說明如下：

1. 將閒置的資產充分利用，使其產生效益。
2. 企業在從事產品生產或經營的同時，拿出一部分資金專門從事諸如：炒股票、產權轉讓、企業併購之類的活動。

3. 或者進行企業併購，或者進行股權轉讓，或者進行資金拆借等。

4. 企業為了能在短期內獲得資金、廠房和設備，在資本市場直接融資。

5. 將資本運營作為經營規模擴張的手段，透過併購、控股、參股等方式迅速發展為大型集團。

在現實中，「企業從事資本運作」和「投資銀行幫助企業完成資本運作操作」，基本上都是在做同一件事情：即是都對企業資產負債表的右方結構進行調整 旨在理順資本當事人之間的利益關係：資本所有者之間的關係；資本所有者與債權人之間的關係；資本所有者與經營管理者之間的關係。透過理順這些重大利益關係，調動各生產要素的「積極性」，從而能優化企業的資本結構和提高資源配置效率。

資本運作的本質

企業「資本運作的本質」就是市場經濟的微觀主體，也就是企業內部生產關係的一種調整機制，這種調整有時是一種自覺行為，有時則是被動進行的，反映出了資本所有者和企業經營者的決策能力和綜合實力。並且，不論資本運作者的最初動機如何，從結果來看，資本運作有時會促進企業經濟效益的提高，有時則會導致經營業績下降，相關當事人之間的利益分配是不均衡的。

資本運營成為企業的戰略選擇

對企業而言，在不同社會經濟環境和不同的發展階段中，其主導經營手段、發展戰略也會有所不同。目前，對於那些已具有相當規模的企業來說，「戰略經營與創新」已經成為企業競爭的利器和創造利潤的源泉。

隨著國家宏觀發展戰略的變化和經濟政策的調整，中國的企業也正在對自己的發展方向和投資重點進行調整，他們所採取的手段有一個共同的特點：即是逐步確立了以「資本運營」為經營手段的方針。目前，透過資本手段運作產業已經被眾多的民營企業家所認同，隨著資本通道的形成和資本市場的完善，「資本運營」正成為許多企業所採取的經營取向。

資本運作的主要內容

資本運作的主要內容有：

企業重組

而企業重組的模式如下：

1. 整體重組

「整體重組」是較為簡單的重組模式，意指將被改組企業的全部資產投入到股份有限公司（原續整體重組）或者吸收其它權益作為共同發起人設立股份有限公司（合併整體重組）的重組模式。

採用這種重組模式，企業不需要對其資產進行剝離，關聯交易少，重組過程較為簡單，重組時間較短；原有職員一般都仍在重組後的公司，避免了內部人員的矛盾衝突；如採用合併整體重組，還可增加股本，透過資產、業務整合產生協調效應。

但是企業在重組時不能剝離不產生效益或效益低下的資產，不能裁減冗員輕裝上陣，這是整體重組模式最大的弊端。

2. 分拆重組

分拆重組包括了「一分為二重組」與「主體重組」，說明如下：

「一分為二重組」是指將被改組企業的專業生產經營管理系統與原企業的其它部門分離。其弊端在於，由於需要進行剝離，並且比較和判斷有些部門是否剝離，通常具有一定的難度和協調工作，重組的難度加大，重組的時間拉長，多方面的剝離表現為不同實體的既得利益和潛在利益的判別容易產生重組的衝突。儘管是「一分為二」，新公司與原企業部分之間仍將存在產品、服務等多方面的關聯交易，這些關聯交易處理比較複雜，可能會影響其它股東權益以及公司的資訊披露。

「主體重組」模式是指將被改組企業的專業生產經營系統改組為股份有限公司，並增資擴股上市，原企業變成控股公司，原企業專業生產經營系統改組為控股公司的全資子公司（或其它形式）的重組模式。

此一模式與「一分為二重組」關鍵的區別在於：原企業保留法人地位，成為控股公司。「主體重組」模式由於將原企業作為集團控股公司，有利於企業以整個集團利益為出發點，新公司與原公司的部分矛盾可以在集團內部得以協調處理。此有利於新公司進行債務重整，將一定數量負債轉移到控股公司，或與控股公司實行資產轉換，以獲得良好的盈利能力，提高公司價值。

但不容忽視的是，由於集團公司與上市公司的經營管理層相互重合，經營者沒有來自出資者的壓力，缺乏有效監督；涉及的關聯交易比在「一分為二重組」模式下更為複雜，資訊披露也將更加麻煩；新公司可能在控股公司的「濃濃父愛」下缺乏市場化的動力。

3. 聚合重組

聚合重組包括了「新建聚合重組」與「置換聚合重組」，說明如下：

「新建聚合重組」是指在被改組企業的集團公司和下屬公司重新設置一個股份有限公司，以調整集團內部資產結構，根據一定原則將適量資產（主動要指子公司、分公司等下屬機構）集聚在新股份公司中，再以此為增資擴股，發行股票和上市的重組模式。

「新建聚合重組」模式涉及的是集團內部資產的結構調整，重組難度不大，重組時間也不需要很長，可以克服集團公司太大，而下屬企業又太小的矛盾；構造出的股份公司結構合理，規模適中，增強了集團公司的管理能力和控制能力；新建公司重組上市，成為整個集團公司吸收社會資金的組織載體，開闢了新的融資管道，使集團能以較小的資本投入控制較大規模的資產動作。

「置換聚合重組」是指被改組企業集團將非上市母公司或其它子公司的資產轉換或注入到其一子公司中，透過該公司從證券市場集聚資金，壯大集團公司力量的重組模式。在實踐中，母公司往往玩「把老大賣給老二」的把戲，借上市子公司的「殼」達到上市的目的，即是一般所說的「借殼上市」。

在「置換聚合重組」中，當事雙方相互瞭解熟悉，在資產注入、市場融資及日後的經營管理上容易融合。但也有不足之處，關聯交易涉及母公司和其它子公司多方主體，操作比較複雜，並且可能影響新公司的資訊披露。

企業併購（M&A）

「企業併購」（合併或收購，Mergers & acquisitions, M&A）是指一家企業以現金、證券或其他形式購買取得其他企業的部分或全部的資產或股權，以取得對該企業的控制權的一種經濟行為。

美國著名經濟學家斯蒂格勒（George Joseph Stigler）在考察美國企業的成長路徑時，指出：「沒有一個美國大公司不是透過某種程度、某種形式的併購收購而成長起來的，幾乎沒有一個大公司主要是靠內部擴張成長起來。」這也就是「不能戰勝他們，就併購他們！」

企業併購的基本功能

企業併購的基本功能有哪些？說明如下：

1. 併購的規模經濟效應

併購的規模經濟效應，一是指「企業的生產規模經濟效應」，也就是企業可以透過併購對企業的資產進行補充和調整，以達到最佳經濟規模，降低企業的生產成本；併購也使企業有條件在保持整體產品結構的前提下，集中在一個工廠中進行單一品種生產，達到專業化水準；併購還能解決專業化生產帶來的一系列問題，使各生產過程之間協調地配合，以產生規模經濟效益。

二是指「企業的經營規模效應」，也就是企業透過併購可以針對不同的顧客或市場進行專門的生產和服務，以滿足不同消費者的需求；可能集中足夠的經費用於研究、設計、開發和生產工藝改進等方面，迅速推出新產品，採用新技術；企業規模的擴大，使得企業的融資相對容易等等。

2. 併購的市場權力效應

企業的縱向併購可以透過對大量關鍵原材料和銷售管道的控制，有力地控制競爭對手的活動，以提高企業所在領域的進入壁壘和企業的差異化優勢；企業透過橫向併購活動，可以提高市場占有率，憑藉著競爭對手的減少來增加自身對市場的控制力。

通常在下列三種情況下，會導致企業轉向以增強市場勢力為目的的併購活動：其一，在需求下降、生產能力過剩的情況下，企業透過併購，以取得實現本產業合理化的較有利的地位；其二，在國際競爭中，使得國內市場遭受外國企業的強烈滲透和衝擊的情況下，企業間可能透過併購以對抗外來競爭；其三，由於法律變得更加嚴格，使企業之間包括合謀在內的多種聯繫成為非法，企業透過併購可以使一些非法的做法「內部化」，達到繼續控制市場的目的。

3. 併購的交易費用功能

也就是指企業能夠透過研究和開發的投入獲得知識；企業能夠透過併購，將合作者轉變為內部機構；企業能夠透過併購，形成規模龐大的組織。

4. 併購的動因

併購的動因有：

（1）擴大規模，降低成本費用。

（2）市場份額和戰略地位。

（3）品牌經營和知名度。

（4）壟斷利潤。

（5）滿足企業家的成功欲。

（6）股東不願意繼續經營企業，索性賣掉企業。

（7）股東透過賣掉企業，使創業投資變現或實現創業人力資本化。

（8）企業陷入困境，透過被併購尋求新的發展。

（9）透過被有實力的企業併購或交換股份，「背靠大樹好乘涼」。

（10）透過併購獲得資金、技術、人才、設備等外在推動力。

5. 按照被併購的物件分類

按照被併購的物件分類的話，「橫向併購」是指為了提高規模效益和市場佔有率，而在同一類產品的產銷部門之間發生的併購行為；「縱向併購」是指為了業務的前向或後向的擴展，而在生產或經營的各個相互銜接和密切聯繫的公司之間發生的併購行為；「混合併購」則是指為了經營多元化和市場份額，而發生的橫向與縱向相結合的併購行為。

6. 按照併購的動因分類

按照併購的動因分類，則有：

（1）規模型併購：透過擴大規模，減少生產成本和銷售費用。

（2）功能型併購：透過併購提高市場佔有率，擴大市場份額。

（3）組合型併購：透過併購實現多元化經營，減少風險。

（4）產業型併購：透過併購實現生產經營一體化，擴大整體利潤。

（5）成就型併購：透過併購實現企業家的成就欲。

7. 按照併購後被併一方的法律狀態分類

按照併購後被併一方的法律狀態分類，則有如下：

（1）新設法人型：即併購雙方都解散後，成立一個新的法人。

（2）吸收型：即其中一個法人解散，而為另一個法人所吸收。

（3）控股型：即併購雙方都不解散，但一方為另一方所控股。

8. 併購整合

「併購整合」是指當一方獲得另一方的資產所有權、股權或經營控制權之後，所進行的資產、人員等企業要素的整體系統性安排，從而使併購後的企業按照一定的併購目標、方針和戰略組織營運。併購整合的必要性在於併購本身必然帶來的各種風險，如果想滿足對併購動因與效應的期望，避免併購陷阱，那麼進行併購整合就是必須的。

併購整合的出發點是對併購動因和風險的深刻瞭解，企業併購並非兩個企業簡單地結合在一起，也並非是簡單地將一個企業的經營要素注入另一個企業就算完成。

資本運作的主要方式

資本運營的方式各式各樣，企業需要根據企業內部和外部環境的變化，綜合考慮各種變數，來選擇出適合於自身企業情況、切實可行的資本運營方式。主要方式說明如下：

「資本運作」的主要活動形式有投資、融資、出售或購入產權或資產；與企業整體整合有關，則是合併、託管、收購、併購、分立、重組、戰略聯盟；與資產整合有關，則是剝離、置換、出售、轉讓、資產證券化。

與股權有關，則是發行股票、債券、配股、增發、轉讓股權、送股、轉增、回購、MBO（管理層收購）；與資本和融資有關，則是PE（私人股權投資）、VC（創投）、融資租賃；與經營活動有關，則是BOT（民間建設營運後移轉模式）、BT（建設移轉模式）、特許經營。

不同目的的資本運作

不同目的的資本運作類型如下：

1. 資本擴張型

分類為：資本擴張型。

目的為：獲取戰略機會；產生協同效應；提高管理效率；從目標企業的價值低估中獲益；降低交易成本；在聯盟中實現共贏等方面。

運作方式：併購、收購、戰略聯盟、上市、發債。

2. 資本收縮型

分類為：資本收縮型。

目的為：戰略撤退；最大限度地收回投資；降低企業風險；將過剩的資本轉移到其他經營領域；使資本獲得更有效的配置，提高企業資本利用效率和效益。

運作方式：股份回購、資產剝離、企業分立、股權出售、企業清算。

3. 資產重組型

分類為：資產重組型。

目的為：優化資本結構；合理配置企業資源；資產重組的實質是對企業資源的重新配置。

運作方式：股份制改造、資產置換、債務重組、債轉股、破產重組。

4. 無形資本經營

分類為：無形資本經營。

目的為：用無形資本的價值實現企業的整體價值增值。

運作方式：品牌特許、專利許可。

5. 兩權分離經營

分類為：兩權分離經營。

目的為：在企業所有權與經營權分離的情況下，透過市場對各種生產要素進行優化配置，提高社會資源的利用效率，實現資本經營的目標。

運作方式：租賃、託管。

6. 融資型

分類為：融資型。

目的為：企業融資管道拓展或融資規模擴大；改善負債結構。

運作方式：PE、VC、融資租賃、信託、資產證券化。

資本運作是企業發展的有效途徑

舉例如下：

1. 透過併購實現業務的快速擴張

案例：彩生活——併購帶來規模迅速擴張，誓做全球最大社區運營商。

2013年，百強物業企業淨利潤均值0.24億元，彩生活淨利潤規模遠高於百強企業均值，於行業內遙遙領先。物業服務企業一向被視為薄利行業，然而彩生活2014年的淨利率卻高達38.7%，比部分房地產開發企業的盈利還高。

2014年6月30日，彩生活於香港聯交所成功上市，此後也藉機加快併購擴張步伐。2014年彩生活新增服務面積中的60%是透過收購得來，40%是新承接面積，透過併購，彩生活獲得了在管理面積規模的迅速提升。

截至2014年12月31日，彩生活與有關城市訂約管理796個住宅社區，並與469個住宅社區訂立顧問服務合約，合約管理建築面積達到2.05億平方米，覆蓋城市已延伸中國109個城市及海外1個城市，行業規模第一的優勢不斷擴大。

彩生活於2014年11月成功收購新加坡SteadlinkAsset公司，首度進入海外開拓社區物業服務。2015年2月又宣佈斥資3.3億元收購開元國際100%權益，是迄今為止中國國內物業管理行業出現的規模最大併購案，完成收購後，彩生活合約管理面積將增加至2.4億平方米。

2. 透過上市進入資本市場

案例：中國中鐵——進入資本市場，實現集團資本運作是施工企業進一步做大、做強必然的舉動。

中國中鐵於2007年上市，是集勘察設計、施工安裝、房地產開發、工業製造、科研諮詢、工程監理、資本經營、金融信託和外經外貿於一體的多功能特大型企業集團。目前集團總資產為1014億元，有31個子公司，主要包括中國海外工程公司，中鐵一局、二局、三局、大橋局、電氣化局及隧道、建工集團等14家特大型施工企業。

中鐵的信託基金發展很好，但是只是用來配合企業的發展，並非專門去做金融經營。上市之後，中鐵的工程發展進入了一個全新階段。原來不敢想的可以規劃了，以前想到，但沒有條件完成的，現在都可以利用資本市場創造條件來完成了。

中鐵工程下一步的發展戰略是調整產業結構，打造一個上、中、下游一體化產業鏈的大企業：上游是建築業的上段，投資運營BOO、BOT的項目、房地產、海外開發專案等，大力開發，如此才能提高利潤水準，才能抵抗風險；中游就是現在的工程施工，一年要做1千多億元，中鐵會繼續擴大中游，抓住中國基礎設施大發展的機遇。因為中游是品牌的象徵，下游主要是發展一些為上、中游配套或服務型的產業，是產業鏈的延伸。

3. 積極開展企業戰略合作

案例：浙江精工集團——國際合作開放的第一批受益者之一。

浙江精工集團透過與德國布萊斯．戴姆勒集團（Daimler AG）、英國國際鋼結構公司、日本溶接焊工協會實現聯盟及深度合作之後，公司的核心能力和技術水準便得到了低成本、快速、顯著地提升。

使得浙江精工集團得以承接了一大批具代表性、有深遠影響的工程，例如：承接了世界最高樓「上海環球金融中心」鋼結構工程；承接了中國第一個可開啟式鋼屋蓋工程，號稱「南鳥巢」的「南通體育會展中心」、「體育場」；承接了中國國內第一項2008年奧運場館鋼結構專業分包招投標項目「天津奧林匹克體育場館」鋼結構工程；同時還承接了全國最大的「首都國際機場三號航站樓」工程等。

4. 透過資本市場的併購實現優勢整合

案例：上海建工集團——成功收購香港建設（原名：熊谷組）後，有效地強化了核心能力。

上海建工集團特別提高了在高難度的橋、隧領域的技術實力，為上海建工在上海及中國各地的高難度橋隧工程招標中的優異表現打下了堅實基礎。此次收購將使上海建工集團進一步做大、做強，同時吸收國際先進的管理經驗和技術，提高總體的競爭實力。

香港建設原為創建於1973年的熊谷組，於1987年在香港聯交所掛牌上市。香港建設在拓展海外市場以及基礎設施、土木工程等建設領域具有相當的優勢，承建香港迪士尼樂園、香港西部鐵路等工程，同時還投資了深圳地王大廈、北京王府飯店、海南洋浦開發區等。

5. 產業組合規避週期性風險

案例：力大集團——集團發展步入更高、更穩定、更具後勁的新階段。

施工企業面臨的最大風險之一是，企業發展所面臨的行業發展週期性風險，即使進軍房產行業、實現基於產業鏈延伸的多元化發展，也無法從系統的高度避免這種風險。因此，施工企業必須積極拓展基於產業週期互補的多元化發展，以擁有更多的投資機會和投資視窗，為施工企業建立一個良好的、風險更低、更均衡的產業組合可能。

方大集團在原有建築幕牆和結構施工的基礎上，已形成新型建材產業、機電一體化工程產業、半導體照明及光電子產業等三大產業體系。新型建材產業包括各類建築幕牆、鋁塑複合板、單層鋁板、節能環保門窗、鋁型材、新型採暖散熱器、特種結構等；機電一體化工程產業包括地鐵遮罩門、自動門、特種門等；半導體照明及光電子產業包括氮化鎵基藍、綠、白光LED外延片和藍、綠、白光LED晶片以及積體電路、半導體照明等。

方大集團的產業組合，既有一定的協同，也在產業週期波動上避免了「共振」，使集團發展步入更高、更穩定、更具後勁的新階段。

6. 產融結合，總承包，大型企業未來的運作方向

案例：華西能源——打造裝備製造、工程總包、投資運營的產融結合模式。

由於產能過剩及同質化程度高，華西能源正逐步減輕裝備製造的比重，提高工程總包和金融服務板塊的業務比重。

華西能源將以新的、高性能設備為依託，做好清潔能源領域的方案解決商。在此基礎上，公司還會對三廢處理和金融做一些投資。作為節能環保裝備製造業的代表，華西能源特別注意產融結合，利用自貢市商業銀行第一大股東優勢，積極探索環保裝備企業與金融企業之間的合作與服務，打造產融結合的成功典範。

而華西能源也計畫利用上海自貿區和深圳前海的金融政策優勢，在金融租賃方面開展探索，進一步打造裝備製造、工程總包、投資運營的產融結合模式。

上電梯戰略：借金融資本之力迅速擴張

企業融資是指以企業為主體融通資金，使企業及其內部各環節之間資金供求由不平衡到平衡的運動過程。當資金短缺時，以最小的代價籌措到適當期限、適當額度的資金；當資金盈餘時，以最低的風險、適當的期限投放出去，以取得最大的收益，進而實現資金供求的平衡。

2005年2月14日，一向以炒作房地產受全國媒體屢屢關注的溫州商人，突然傳出一則關於製造業的新消息——溫州正泰集團舉行了「通用正泰（溫州）電器有限公司」開業儀式，其與世界最大的多元化企業「美國通用電氣」（GE）公司聯手，合資新建總投資586萬美元的「通用正泰（溫州）電器有限公司」，其中，通用、正泰各占股份比例為51%、49%。

通用的一位經理描畫了一幅中國國內低壓電器的產品層次圖：

西門子處於高端，GE處於中高端，正泰處於中低端。兩者的合作好處就如雙方在新聞發布會上的表述：通用電氣公司擁有世界一流的製造技術和管理水準，正泰集團擁有豐富的本地市場經驗和市場行銷網路資源。這種優勢互補的合作，將對中國電器行業的產業升級發揮巨大的促進作用。雖然合作的結果還有賴於事實的檢驗，不過，正泰牽手通用並在合作公司使用聯合商標一事，對於浙江商人們無疑是一個很寶貴的提醒：路遙知馬力，急功近利的發財欲望帶來的僅僅只是短期的快感，從長期來看，那些基業長青的公司往往是擁有產業理想，耐得住寂寞，能穩步成長的公司。

融資的思維與策劃

兩種融資的思維分別為：

1. 花自己明天的錢或別人的錢，為自己投資賺取利潤，就是「融資」。

2. 花自己明天的錢或別人的錢用於消費，就是「透支」。

而融資的過程需要策劃，有兩個方向：

1. 先投資，後融資：意義等同於上小學時，先籌上中學的錢，上中學時，再籌上大學的錢。

2. 先融資，後投資：意義等同於先找到雞的潛在買家，再投資來買蛋、孵蛋、養雞。

融資戰略

「融資戰略」意指根據金融市場的有效性狀況，利用稅法等政策環境，借助高水準的財務顧問，運用現代金融原理和金融工程技術，以進行融資產品的創新。

關鍵在於：「按需融資，慎防過度」；「階段融資，降低成本」；「謹慎融資，留有餘地」；「廣開管道，善用工具」。

以下為不同類型企業的融資戰略：

高成長型企業

「高成長型企業」以股權融資為主，長期債務比例和現金紅利支付率都非常低。

在競爭環境下，競爭地位的形成或穩定往往需要持續進行技術、產品開發或服務創新投資，而市場份額和價格競爭等因素又容易使企業現金流減少或波動。如果舉債過度，則容易因經營現金流收入下降而引起財務支付危機，輕則損害企業債務資信，重則危及企業生存。

融資決策首先不是考慮降低成本的問題，而是考慮如何與企業的經營現金流入風險匹配、保持財務靈活性和良好的資信等級，以降低財務危機的可能性。

高技術型企業

「高技術型企業」採用股權管理辦法，獲得內部股權資本，同時增資擴股，長期債務比例非常低，甚至相當長的時期內無長期債，並且不支付現金紅利。

高成長型企業一旦成功，投資收益往往大大超過融資成本，因此融資關鍵在於規避較高的經營風險，減少發生財務危機的可能性。高成長企業的收益風險相應較高，債權人不青睞這些成長性公司。然而出於持續發展的需要，為了保留融資能力，須增強財務彈性。

現金流穩定企業

「現金流穩定企業」是以長期債務替換股權，具有較高的長期債務比例和現金紅利支付率。這類企業包括在所經營領域具有較強的競爭能力和較高而穩定市場份額的企業、實現規模經濟的企業、壟斷經營的公用事業公司，例如：電力公司和商業零售業公司等。

在現金流穩定性較高時，可以透過增加長期債務或用債券回購公司股票來增加財務槓桿，在不明顯降低資信等級的同時，可以明顯降低資本成本。從而在保證債權人權益的同時，增加股東價值。

兩種基本融資方式

「股權融資」與「債券融資」為兩種基本的融資方式，說明如下：

「股權融資」等於是：砍腿換車，用空間換時間。（股轉債）

「債權融資」等於是：寅吃卯糧，用時間換空間。（債轉股）

股權融資和債券融資

「股權融資」有公開發行，也有私募融資。

如果企業是公司制企業，那麼企業可以透過證券市場或證券市場之外的管道公開出售股票募集資金。股權意味著投資者使用投資來換取公司一定比例的股票。

而「債權融資」則有銀行貸款、發行債券、民間借貸或是經營融資。

股權融資的優勢與劣勢

「股權融資」的優勢在於，如果企業沒有盈利，投資者將不能得到回報；投資者不能迫使企業破產以補償自己的投資；股權投資者的興趣在於企業的成功。

而股權融資的劣勢在於，如果放棄過多的所有權，創業者將會失去對企業的控制（例如：賈伯斯）。投資者經常希望自己既能對公司經營產生影響，也能夠獲得比貸款人更高的收益；創業者必須與其他股權投資者分享盈利。

債權融資的優勢與劣勢

「債權融資」是任何類型的企業都可以基於企業及其所有者的信譽借款。也就是能夠根據你的企業類型、發展歷史、你的個人偏好以及可能的選擇方案，選擇一種債權融資形式。

債權融資的優勢在於，貸款人無權干預企業管理和經營；貸款不會隨著企業財富變化而變化；貸款人不參與企業利潤分享。

而債權融資的劣勢在於，如果不能償還，貸款人可以強迫企業破產；借款人違約時，借款人的住宅和財產會被抵債；償付債務提高了固定成本，降低了利潤；償付債務減少了企業的可使用現金。

此外，貸款人希望定期审閱借款人企業的財務報告，並確保借款人能夠遵守貸款合同。

將融資模式進行排序

將融資模式進行排序，結果如下：

第一象限為：外部股權融資。

第二象限為：外部債權融資。

第三象限為：內部股權融資。

第四象限為：內部債權融資。

低風險為「先外後內，寧股不債」；低成本為「先內後外，寧債不股」。

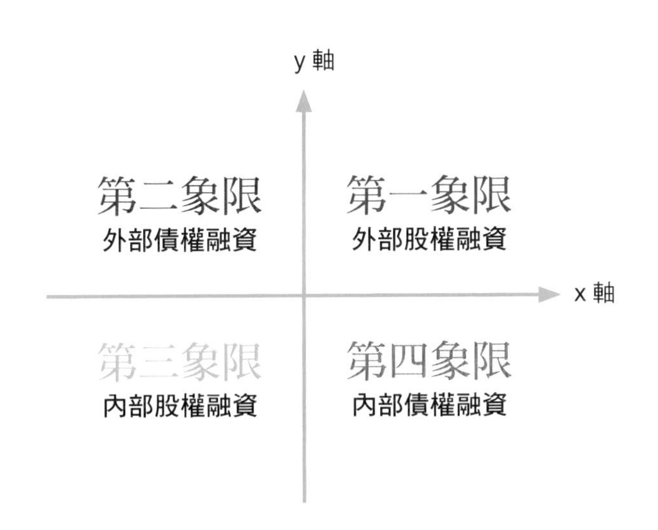

眾籌：籌人、籌智、籌資、籌管道、籌未來

隨著兩會（中華人民共和國全國及地方各級人民代表大會和中國人民政治協商會議）提出「開展股權眾籌融資試點」方案之後，股權眾籌正式被中國國務院寫入了政府工作報告，使得眾籌行業受到前所未有的關注。

業內人士指出，目前，中國眾籌市場出現了爆發式的增長，總體呈現出高度集中的競爭格局，而2015年則是股權眾籌主流化的元年。

眾籌的釋義、理念與要素

「眾籌」源於英語「Crowdfunding」，意為「大眾籌資」，中國由於受文化、制度、法律等因素制約，進展緩慢。2014年為中國眾籌元年，北大一八九八咖啡館帶動中國式眾籌的興起，吸引主流人士投身眾籌，眾籌使人具有參與感、歸屬感、榮譽感和使命感。

眾籌的理念為集眾人之智，籌眾人之力，圓眾人之夢；眾籌，籌技術、籌資金、籌資源、籌人才。

與傳統融資模式相比，眾籌的特點在於低門檻、依託大眾、方式多樣、注重創意、與市場緊密結合與平臺行銷。

而眾籌的三要素為：發起人（有創造能力但缺乏資金的人）、支持者（對籌資者的故事和回報感興趣、有能力支援的人）與平臺（連接發起人和支持者的互聯網終端）。

眾籌的價值與帶來的改變

眾籌的價值在於，「發起人」透過眾籌平臺得到項目的啟動資金，還可以在量產前測試自己的產品是不是真的被大眾所接受，即使沒有獲得投資，「創業者」至少也不用再為一款不被認可的產品浪費更多的時間和金錢。而「支持者」可以獲得相應的實物、股權、服務或者媒體內容回報，「平臺」則是可以收取相應的傭金。

眾籌改變了社會組織與創業方式，過去幾百年金融領域最大的創新是保險和信用卡，保險已成為一個獨立的行業和學科，眾籌，也許將是下一個趨勢學科。

眾籌的流程

眾籌的流程是：首先由創意者（CREATOR）向支持者（BACKER）發布創意項目，接著進行「項目匹配」（支持者選擇創意項目），創意者設定籌款目標，便開始籌集資金（支持者資助創意項目）。

此時，若創意者向支持者確認資助，獲得融資、成功達到了融資目標，創意者便開始控制運營項目，實施項目（在過程中，支持者監管項目、提供建議，優先獲得項目產品）。

若創意者未達到融資目標，就須撤回融資項目與支持者的資助。一般眾籌平臺對每個募集專案都會設定一個籌款目標，如果沒達到目標，錢款將回歸投資人帳戶，有的平臺也支持超額募集。

眾籌類型

夢想眾籌

「夢想眾籌」意指靠著群眾的資源成就夢想。透過FACEBOOK、

Yahoo、GOOGLE等平臺，如果你有一個夢想，有人願意支持你的夢想，給你錢、贊助你，你就可以完成你的夢想。

全世界第一個產生的眾籌募資活動是在1997年，英國樂團「Marillion」募集了6萬美元，目的是進行美國巡迴演出。

舉例來說，馬雲的夢想，由蔡崇信（人才）幫助他完成：2014年11月11日為阿里巴巴天貓雙11網購節，董事局執行副主席蔡崇信現身杭州總部站台，他被認為是馬雲成功背後的男人。多年來，蔡崇信一直主管阿里巴巴集團的投資和法律事務，給馬雲帶來了第一筆巨額投資。

又如，藉由眾籌，使三個父親成功做出了兒童用淨化器（技術）：作為中國首款兒童專用空氣淨化器的研發者—戴賽鷹，以及中國首個千萬級眾籌記錄的締造者，他表示「其實我們會做這個淨化器，也完全是為了自己的孩子，因為我的太太是2013年10月懷孕的，海濱（創始人之一）的太太是當年8月懷孕的，亞南（創始人之一）的孩子也是13年出生的，於是，我們三個爸爸就一起研究怎麼給孩子買一款最好的淨化器。」

以及臺灣「漸凍青年」胡庭碩實踐社會創新，罹患脊髓性肌肉萎縮症的胡庭碩依然拖著不便的身體走進農村，以坪林為主軸，推動農村志工旅行，推出土地勞作假期，奮力改變臺灣，這些都是依靠的資源成就夢想的實例。

產品眾籌

「產品眾籌」指的是投資人將資金投給籌款人用以開發某種產品（或服務），待該產品（或服務）開始對外銷售或已經具備對外銷售的條件的情況下，籌款人按照約定將開發的產品（或服務），以無償或低於成本的方式提供給投資人。

例如，「京東」產品眾籌於2015年，行業內突破10億元大關。項目總數超過2千個，用戶數超過2百萬，千萬級眾籌項目14個，如：三個爸爸空氣淨化器、大可樂手機於12分鐘籌資破千萬元、小牛電動車籌資7千2百萬元。

以及，實踐家教育集團的「初悅坐月子中心」、臺灣創夢市集的「遊戲新創業孵化器」、臺灣群眾募資平臺FlyingV的八輪滑板、3D印表機等，都是著名的案例。

眾籌平臺可以讓創意者以極小成本做出雛形來行銷產品概念，贊助者實際下單，並非只是回答市場問卷。贊助者可以與創意者於網頁上互動，贊助者能及時對產品與服務表達回饋，但不介入創意者的公司經營，贊助者並非擁有該公司的控股權，只是簽下產品或服務的客戶訂單。

若你有很好的產品創意，就該挑戰全球眾籌平臺的試煉，善用群眾力量，或許你的夢想正在發芽。

股權眾籌

「股權眾籌」指的是投資者對項目或公司進行投資，以獲得一定比例股權。著名的募集資金平臺有Artistshare、Kickstarter。本質上是企業向投資者進行融資，投資者透過出資入股公司成為股東，並且可以獲得未來收益。

此外，眾籌融資方式有兩種：一為「獎勵性眾籌」，人們給予創業者獎金，創業者給予投資者獎勵回報，例如：Kickstarter、Indiegogo、Pebble、Oculus Rift、Boosted；二為「股權眾籌」，投資者向創業者投資，換取企業的股權，例如：FunderClub、Coinbase、Instacar。

股權眾籌是現代人創業的最好模式

對於創業者來說，股權眾籌籌集到的資金不僅可以用於產品的生產，還可以用於公司其他業務的拓展和營運需要。

舉例來說，3W咖啡創始人許單單是一名傳奇人物，他借助眾籌模式，從一名普通的互聯網分析師轉型成為創投平臺3W咖啡的創始人，甚至連中國國務院總理李克強都曾拜訪3W咖啡館。

透過微博，3W咖啡彙集了大幫的知名投資人、創業者、企業高管，其中包括沈南鵬、徐小平、曾李青等數百位中國知名人士，股東陣容堪稱華麗。最終，2012年3W咖啡引爆了中國眾籌式創業咖啡的流行，幾乎每個城市都出現了眾籌式的3W咖啡。

在股東的回報上，則有：聚會場所、社交機會、交流價值、人脈價值與投資價值。

又如，LKK洛可可整合創新設計集團董事長—賈偉認為「洛可可的經營理念是創意如水」，洛可可猶如「互聯網思維＋設計思維」相結合的兩杯水。成立於2004年的LKK洛可可設計集團，10年來從一家工業設計公司成功轉型為創新設計集團，也是眾籌經典的成功案例。

路演：資本時代企業家的必修法門

「路演」是一個相當重要的能力，你要將你的計畫、產品說明給別人聽，讓別人能夠看到並瞭解。如果不做路演，就沒有找到人才、資金的機會，而有時候你並不只是為了找資金才做路演，而是為了取得更多的資源。

什麼是路演？

「路演」的英語是「ROAD SHOW」，意指在馬路上進行的演示活動。

而國際上廣泛採用的是「證券發行的推廣方式」，指證券發行商在發行證券前針對投資者的推薦活動，是在投融資雙方充分交流的條件下，促進股票成功發行的重要推薦、宣傳手段。

這裡討論的是企業透過路演這種形式更好地銷售出自己的產品、更好地宣傳自己的品牌。當我們在逛百貨公司或者是經過熱鬧的街道時，經常會看見在廣場中簇擁著很多人在表演或在觀看，這就是一般人最常看到的「路演」。

路演為創業者尋找投資人的路徑之一

依據信任距離的遠近，我們通常會將創業者尋找投資人的路徑分為9條：

1. 創業者（Founder）。
2. 父母及親屬（Family）。
3. 校友等朋友圈子（Friends）。
4. 熟人引薦。
5. 專業的協力廠商平臺。
6. 線下活動。
7. 專場路演。
8. 網路上公開的聯繫方式。
9. 投資人名錄。

路演的價值體現在？

一般來說，銷售成功的基本準則為：誰掌握了銷售終端，誰就是市場贏家，以及終端為上，終端制勝。

而路演就是在終端進行的整合性活動，包含了SP（銷售促進）、AD（廣告）、PR（公關）的多重功能。而決定「路演」價值的兩隻手為：一是吸引消費者眼球，引起消費者的持續關注。在這點上，路演相當於一種媒體，關注人的數量，在一定程度上說明了這場「路演」的價值；二是吸引消費者參與，引起消費者的內心共鳴。在這點上，路演相當於一次公關，公關對象為普通的消費者，而公關程度的好壞，體現在消費者對本次路演的主動性上。重點在於：「兩手都要抓，兩手都要硬」。

路演的重點在於：你要說什麼？

既然路演的重點在於「你要說什麼？」，以下為你應該說明的項目：

1. 我為何需要這筆資金，為了公司的拓展、研發？
2. 我需要什麼資金？

3. 我要用什麼方法取得這筆錢，開放股權？

4. 我做了這些可以獲得哪些結果？是成為行業前三名？還是團隊能力更強大？

5. 這些結果可以換算多少價值、創造多少營業額？

6. 要說明增加了這些利潤後，要如何分配紅利？如何償還貸款？

路演前的準備工作

在路演之前的準備工作，我們分成四個部分來做細節提醒，說明如下：

一、關於商業模式

1. 最好一句話能說清楚。

2. 定位真正屬於自己的潛在客戶。

3. 明確替誰解決什麼問題，帶來什麼價值。

二、關於行業背景

1. 國家政策，主流宣導幾乎可以不說。

2. 只需說你可以做什麼，正在做什麼，以及下一步準備做什麼。

三、關於團隊和資源

1. 和現有業務比較關鍵的團隊成員，有多少說多少。

2. 明確落實可以調配的資源及程度，不是你的或不確定的，可以不說明。

四、關於融資計畫

1. 說清楚需要多少錢，越詳盡越好。

2. 說清楚融資來的錢花在哪些地方，越詳盡越好。

商業計畫書是經營事業的地圖

在整個創業過程當中，商業計畫書是最重要的部分，寫好商業計畫書代表了兩件事：一是「你願意負責任」，二是「你想明白了」。有了商業計畫書，員工會知道老闆的目標是什麼、老闆要去哪裡、他們要跟隨到哪裡。

商業計畫書須掌握SMART原則

撰寫商業計畫書，須掌握S.M.A.R.T原則，如下說明：

「S」（Specific）為明確的，設定目標是清晰的。

「M」（Measurable）為可以衡量的，有具體數字的，要能預測出公司第一年有多少收入……。

「A」（Attainable）為可達成、可實現的目標。

「R」（Reasonable）為合理的，設定一個合理的目標，不要超過合理範圍太遠。

「T」（Time）為時間，你是可以有時間限制的，知道多久的時間可以完成目標。

一份好的商業計畫書的功能

一份好的商業計畫書，需要符合以下功能：

1. 協助創業者認清策略方向與經營形態。
2. 提供公司未來成長的藍圖。
3. 協助公司資金募集的需求。

例如：DBS創業學院可以幫助你撰寫出一份優秀的商業計畫書。

如何撰寫商業計畫書？

那麼，究竟該如何撰寫商業計畫書？以下Step by Step提點你：

第一步：戰略定位

說明：

「你有哪些優勢？」、「與別人的差異在哪裡？」、「為什麼能做得比別人好？」、「用一句話描述公司的業務？」、「公司的願景是什麼？」

例如：談到願景，實踐家是「把世界帶進中國，讓中國領航世界」；阿里巴巴是「讓世界沒有難做的生意，為中小企業代言，讓小企業也能在平臺上獲得價值」；達美樂是「全臺灣最快的外賣披薩」。

第二步：商業模式

說明：

「你為誰而做？」指的是「你的客戶是誰？」

「做什麼的？」指的是「你的主要產品是什麼？」

「你要怎麼做？」指的是「你提供了怎樣的解決方案。」

還有，「公司何時創立的？」、「註冊資金是多少？」、「投資者是誰？」、「占公司股權比例有多少？」、「這家公司有那些下屬機構？」

例如，實踐菁英青少年教育的商業模式。

第三步：市場規模

說明：

「你看到的市場是什麼？」

「你進入到這個市場，看到什麼樣的機會？」

「這行業未來最重要、大的趨勢在哪裡？」

你要能以大的視野來構想公司的未來。例如：瞭解大勢，將相關的政策或趨勢想明白，對需求預測（例如：新藥研發公司），將市場需求驅動的因素清楚地詳述出來（例如：電影《人在囧途之泰囧》、《港囧》）。

第四步：自主創新（亮點）

說明：

1. 商業模式的創新。例如，實踐家菁創學院、可口可樂。

2. 產品／服務的創新。例如，KTV的APP。

3. 研發的創新。例如，蓋德科技公司、高通公司。

第五步：成長戰略

說明：

「為什麼你的計畫可以持續發展？」

描述「企業在過去3年，營業額分別如何？」、「擁有多少客戶？」、「在哪些城市、地方是你企業可以去發展的？」、「過去3年你的企業在各項發展的資料變化如何？」、「員工增加多少？」、「有多少加盟店？」、「盈利有哪些變化？」、「營業額增加了，利潤是否也隨之增加？」

例如：ASK123集團。

第六步：工作團隊

說明：

1.「核心創始人、高層管理者是誰？」、「組織人員有哪些？」、「職務是董事長、總裁？」並簡單描述創始人的背景經驗，與現在事業有何關係。

2. 員工的資歷、專業度、向心力、忠誠度等等。

第七步：競爭的格局

進行公司的SWOT分析，如下：

「優勢」（Strengths）S：「公司的優勢在哪裡？」

「劣勢」（Weaknesses）W：「知道自己的弱勢、缺點在哪？」

「機會」（Opportunities）O：「機會在哪裡？」

「威脅」（Threats）T：「你的競爭對手是誰？」

例如：KT足球。

第八步：市場行銷

說明：

「打算如何做形象？」、「主要營業項目想要做什麼？」、「產品的定價？」、「打算透過哪些管道推廣出去？」、「你的推廣方式如何？」、「你的定價為何最適當？」

第九步：投資、融資計畫

說明：

1. 融資目標：「融資處在那種階段？」、「這次融資目標是多少錢？」、「打算讓出多少股份？」

2. 上市計畫：「有沒有打算上市？」、「在哪個市場上市？」、「何時上市？」

3. 資金會投向哪裡：「這次所取得的資金，將要投在哪裡？」、「用途是什麼？」、「為何要投入？」、「做這件事，可以為投資人得到哪些好處？」

4. 「取得這筆資金之後，預計如何回報投資人？」

第十步：財務預測

針對未來幾年的財務預測、收入、支出、大項的投資是什麼，要有清楚的描述。

電影《當幸福來敲門》（The Pursuit of Happyness）說：「不要讓別人告訴你，你不能做什麼。只要有夢想，就要去追求。那些做不到的人總會告訴你，你不行。想要什麼就得去努力，去追求。」

找到真正懂你、志同道合的投資人。

歷史上，從來沒有獨自一個人的成功。

1 + 1 = 11 與 1 + 1 + 1 = 111 的現實運用，

需要建立在能有效投資，產生更大的倍數之上，

如同老子《道德經》的「道生一，一生二，二生三，三生萬物」，

由「道」到萬物是一個連續的發展過程，猶如投資之道。

Chapter 6

[模塊六]

投資方式的革命

ENTREPRENEURSHIP REVOLUTION

- 四大投資法則
- 等風來，投資者眼中好企業的五大標準
- 避免陷入股權投資的十大誤區
- 無商不富，無股權不富

四大投資法則

進一家企業，首先須順應趨勢改變，接著做思維上的改變，管理模式的改變，商業模式的改變，尋找資金方式、資本的改變。當企業有了收益之後，就要懂得開始投資別人，讓別人為自己創造財富，因此，投資方式也必須改變。

什麼是投資？

這裡所說的「投資」是指企業利用其資金對企業外部的投資行為，有別於企業進行固定資產購置等內部投資行為。也就是：用別人的錢為你賺錢，用別人的時間為你賺錢，用別人的智慧為你賺錢。

而投資的組成內容包含：企業為了近期內出售而持有的股票等、銀行存款與各種應收款項和購入的貸款等、到期日和回收金額都固定的國債等、企業準備長期持有對其他企業的權益性投資，如右頁圖所示：

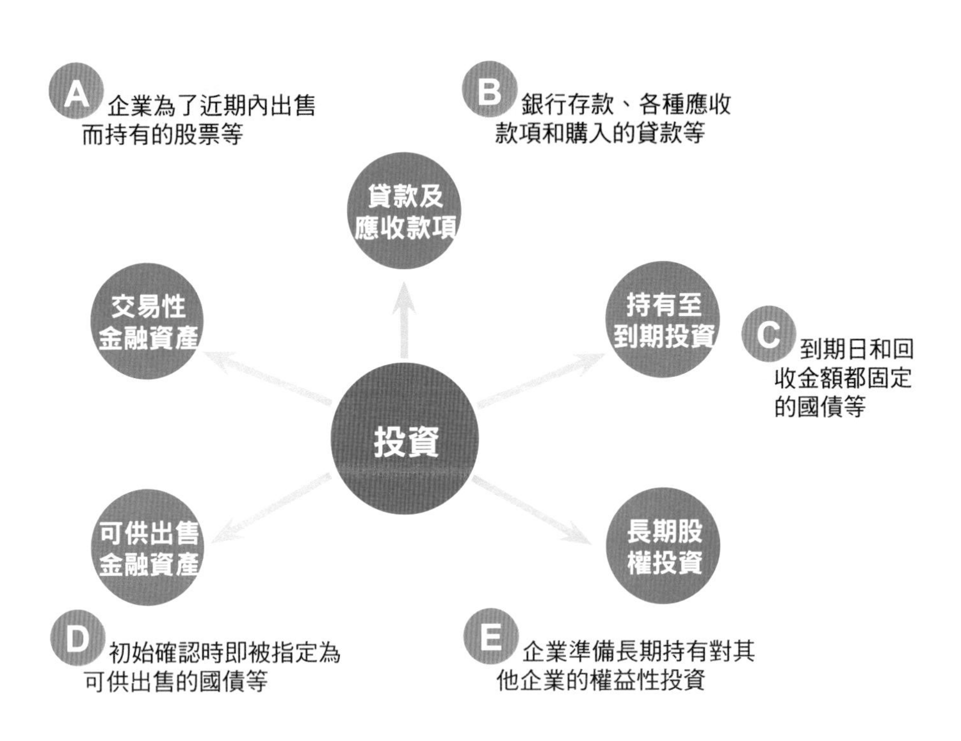

投資的組成內容

投資的原則

投資的原則必須符合合法性、安全性、具流動性與安全性，說明如下：

合法性：意指須符合國家的法律、法規。

安全性：意指符合存放風險、貶值風險和投資風險。

流動性：意指具投資變現的能力。

成長性：意指能保值、增值。

投資法則：做好本業、股權投資、互為代理、共同股東

歷史上，從來沒有獨自一個人的成功。

1＋1＝11和1＋1＋1＝111的現實運用，建立在能有效投資，才能產生更大的倍數，也就是老子《道德經》的「道生一，一生二，二生三，三生萬物」。說明如下：

一、做好本業

經營企業，就是要做好自己企業的本職、專長，並且要力求做到最好的狀態。當你做到最好的狀態時，才有機會和別人談合作，當你是這行業的第一，別人自然就願意和你合作。

這也是所謂的「強強聯盟」，例如：軟體銀行、鴻海、阿里巴巴合夥全球第一的機器人公司；實踐家以行銷見長，能與別人做銷售的合作；我們專注做好青少年事業（青少年實踐菁英），如此所有的青少年事業便會來與我們合作。

二、股權投資

「股權投資」意指用你的資金購買別人的股權，別人賺錢，你也可以分得利潤。而股權投資的原則有：

1. 投資自己，投資自己是最大的回報。
2. 投資合作夥伴，多一個合作夥伴，就少一個競爭對手。
3. 投資好賺、能幹，行業要好賺，老闆要能幹。
4. 投資大數據。
5. 投資90後，甚至00後。

投資別人的產業，就能利潤分享。

在股權投資的方向，以富勒博士（Richard Buckminster Fuller）的說法，我們投資六大產業：

➲1. 教育產業　　➲2. 健康產業

➲3. 食物產業　　➲4. 娛樂產業

➲5. 能源產業　　➲6. 遮蔽產業

我們說，股票是百分比，股權是倍數。股票每天的漲跌，是百分比的概念，但是你無法去控制這家公司的發展及未來，因為你並沒有擁有這家公司的控制權；而股權投資，你得到的是倍數獲利，以及公司的參與權。

新型的投資創業模式並不需要太多資金，也不需要太多技術，更不需要你費心去管理。只要找到一家擁有一流管理團隊的一流企業，然後放心地將資金交給他們，讓他們利用你的資金為你創造財富。

例如：股神巴菲特、阿里巴巴最神秘的千億富翁蔡崇信，都是如此。

三、互為代理

在新的互聯網時代裡，每個人都可以是彼此的代理商：我是你的代理商、你是我的代理商；我幫你介紹生意、你幫我介紹生意；我的會員是你的會員、你的會員是我的會員。

在這個時代，每個人至少可以成為上千、上萬的人的合作代理商，你也可能有成千上萬的人作為你的代理商，每個人現在都可以做「微商」，一個人就可以做產品，每個人都可以成為他人的代理商。

因此，在這個時代，你要能夠設立更多的機制，讓別人可以與你互相合作。

四、共同股東

在你將本業做好之後，就可以去投資別家公司的股權，與別家公司互為代理；若有好的項目，就分享出來讓大家成為共同的股東。

舉例來說，有30個年輕人創業，他們各登記了一家公司，並且擁有自己公司71%的股權，將另外29%的股權發放給其他29個人，如此一來，每家公司都有30個股東，而這30家公司集合起來，就是一個集團了。

建立優質投資系統的步驟

如何建立優質投資系統？步驟列舉如下：

1. 找到一群有事業基礎和有未來的人。
2. 形成共同的理念和價值觀。
3. 習慣性的感恩、分享、互相打氣。
4. 建立有默契的利益共同體。
5. 週期性地重複以上動作。
6. 週期性地優化系統中的關鍵節點。

等風來，投資者眼中好企業的五大標準

對股東而言，能賺到錢的企業就是好企業，而有機會成為大公司的企業，CEO對其未來發展的前景也一定非常看好。

在現實中，許多投資者都想獲得投資機會，投資利益，那麼，究竟什麼樣的企業才值得我們去投資呢？

股神巴菲特如此說：「選擇的企業在10年、15年、20年後還能保持較好的競爭優勢；管理層有能力、值得信任；而股價不貴。」

好企業的價值誤區

而好企業也有價值誤區，列舉如下：

好企業的標準：高利潤

資本市場元素為：企業。

短期目標：利潤最大化。

好企業的標準：高利潤。

價值誤區：過於追求利潤，而忽略企業的價值。

遠期目標：持續的盈利以及持續的增長。

上市的好處：上市是企業最好的品牌和持續發展的融資平臺。

好企業的標準：大規模

資本市場元素為：地方政府。

短期目標：GDP的增長。

好企業的標準：大規模。

價值誤區：過於追求企業的規模，而不注重企業的持續增長性和培育適合企業發展的環境。

遠期目標：持續的引資和持續的稅收。

上市的好處：上市是最大的招商引資和稅收保障，並帶動上下游產業的發展。

好企業的標準：高資產

資本市場元素為：商業銀行。

短期目標：貸款資金的回收。

好企業的標準：高資產。

價值誤區：過於追求企業的資產，著眼於向下的風險保護和控制，而企業的發展並沒有給銀行帶來真正的好處。

遠期目標：持續的信貸資金和貸款的良性循環。

上市的好處：上市是銀行信貸資本最大的保證和增值服務最大的機會。

好企業的標準：高回報

資本市場元素為：VC／PE。

短期目標：股權資本的回報。

好企業的標準：高回報。

價值誤區：過於追求企業上市帶來的套利的機會，而不注重企業發展帶來的增長的機會。

遠期目標：持續的企業價值增值。

上市的好處：上市是最好的退出管道。

好企業的標準：高「合規性」

資本市場元素為：仲介機構。

短期目標：推動企業上市。

好企業的標準：高「合規性」。

價值誤區：過於注重合規性價值，而無力判斷企業的增長性價值。

遠期目標：持續的資本市場服務。

上市的好處：上市時最好的「合規」的過程。

有價值的企業最有價值的往往不是擁有大量的有形資產，而是「有定價能力的無形資產」。因為有形資產是可複製的，有時是最沒價值的，資產是軀體，價值才是靈魂。

企業的價值往往不在資產負債表內，而在資產負債表之外，品牌、管道、技術、人才、管理，財務三表（資產負債表、損益平衡表、現金流量表）只能說明過去，不能代表未來，三表只能表現看得見的資產，而不能體現盈利能力，所有看得見的資產都可以被複製和替代，是不具競爭力的。

有價值企業需要的不是以「產」定價的能力，而是以「銷」定價的能力：最高端的企業是有定價權的企業，同樣產品滿足不同層次需求，就有不同的價格，滿足需求的定價是產品最高價，成本是底線價。同質化競爭越激烈，則價格越趨於成本，而品牌和管道就是追求差異化和定價權。

有價值的企業需要的不是消化成本的能力，而是轉移成本的能力。有價值的企業不僅需要在沒有資金時的生存能力，更需要在有無限資金時的快速發展能力。也就是沒有不缺錢的企業，只有不敢花錢或者不會花錢做大的企業家。

有價值的企業不是依賴技術，而是迅速轉化成管道品牌或資源。沒有永遠領先的技術，所有的技術都會被取代，然而短暫領先的技術如何轉換成客戶資源和品牌。也就是說企業的高技術是一時的，有市場和品牌才是持續之道。

有價值的企業必須學會跳出產業來看產業：在產業內看競爭者是對手，在產業外看競爭者是被整合者，中國的機會在產業，而不是企業本身。有價值的企業最有價值的往往不是多元化的能力，而是專業化的能力，如一萬艘舢板綁在一起，並非就等於航空母艦。

有價值的企業不僅需要有複製自己經驗的能力，更需要拋棄自己經驗的能力；不僅需要像銀行一樣向下抵禦風險的能力，更需要向上的發展能力。有價值的企業他的上市不是天生的，而是可培養的，也就是說，沒有不能上市的企業，只有不願上市或不敢上市的企業家。

有價值的企業並不一定就是規模大的企業，中國現在大多數行業並沒有大魚，不是大魚吃小魚，只有快魚吃慢魚。1億元與10億元沒有太大的區別，只有會運用資金的企業才能成為快魚，持續增長。在中國，沒有不需要資金的企業，只有不想做大或不敢做大的企業。

好企業的五大標準

好企業的五大標準有：優勢產業（市場容量）、優勢階段（增長潛力）、優勢團隊（管理團隊）、優勢資源（競爭門檻）與優勢模式（盈利模式），說明如下：

一、優勢產業（市場容量）

針對優勢產業的問題：「當你有無限資金時，你的企業能做多大？」

擁有足夠大的市場容量：足夠的市場容量是任何一個企業走向成功的根本，而把握市場機會是一個企業成功的標誌。

二、優勢階段（增長潛力）

針對優勢增長力的問題：「你的企業是如何增長的？」

企業具有清晰的持續盈利和持續增長的推動力或增長潛力，目標企業處於成長期和擴張期，或處於初創期和擴張期。

三、優勢團隊（管理團隊）

針對優勢團隊的問題：「除了資金，你的企業是不是具備增長的其他所有條件？」

擁有專業的執行團隊：專業、和諧和有經驗的管理團隊是企業的發展原動力。管理團隊完整，擁有豐富的業內經驗，管理體系組織合理，高層管理人員保持穩定。

四、優勢資源（競爭門檻）

針對優勢核心競爭力的問題：「當你的競爭對手有無限資金時，能很快地超過你的企業嗎？」

擁有較高的競爭壁壘和較強的核心競爭力：資源壁壘、技術壁壘或市場壁壘將是企業站在競爭制高點的關鍵，目標企業在行內具有較高的競爭門檻，並擁有一定的資源壁壘、技術壁壘或市場壁壘；在行業中具有競爭優勢及領導地位。

五、優勢模式（盈利模式）

針對優勢模式的問題：「當你有無限資金時，你的企業如何能迅速做大？」

擁有可複製的盈利模式：擁有獲得證明的商業模式，成熟的產品或服務，具有競爭力的生產或服務效率，已經建立並獲得證明的、有效的市場管道。

避免陷入股權投資的十大誤區

一、創始人股權分配平均，股權過於分散

許多創業者認為，幾個創始人平均分配股權可以讓大家共同奮鬥，不會產生利益方面的爭論。其實不然，創業公司一個最大的優勢就在於高效的執行力和靈活性，而創始人在這個過程中往往處於一個中心位置。

回顧所有成功的企業，我們會發現它們幾乎都有一個非常特別的創始人，無論是微軟、蘋果、Amazon等無不如此。早期階段，他們就代表著公司，是他們驅動著公司不斷地向前發展，而這種驅動力不僅來自於自身的責任，更來自於「一切我說了算」的決策權。如果幾個創始人股權平均太過分散，那麼勢必影響其決策效率，而此時創業公司最大的優勢：「執行力」和「靈活性」也已經喪失。

二、無形資產不值得投資

投資主要是看企業，必須將人放到一個次要的地位。中國本土PE一般成立時間不長，過去有的時候就是看人家的財務報表，看看固定資產有多少，對管理團隊各方面花的精力不夠。

蒙牛的案例是經常被提到的，沒有創辦人牛根生會有蒙牛嗎？實際上企業第一位的還是人，人是企業唯一不可複製的經營要素。這一點一定要看清楚，在盡職調查過程中，其實無形勝於有形，意思是無形資產的重要

性甚至超過有形資產。

三、資金比資源重要

部分PE管理人覺得我能夠做甲方、我能夠做私募股權投資，因為我有錢。但是要知道，對PE來說，更重要的是要「有資源」，因為比PE有錢的機構很多，例如：銀行。

那麼，銀行為什麼不做PE？銀行沒有資源，銀行很清楚，只有把錢借給企業，企業賺了錢給它利息最好。銀行也知道，去投資做了股東的話，它管理不了這麼多企業，它沒有那麼多的專家來打理這件事情。所以，從這個角度來看，資源甚至比資金還要重要。

四、高科技就是高成長

有很多人認為，高科技企業就是高成長企業。科技如果能帶來成長，必須要帶來現實的利潤，帶來現實的現金流。

然而迄今為止，只有兩種方式可行：一種是拓展外部市場需求，引領新的消費。例如，微軟的視窗軟體迎合了整個IT時代的到來；另一種方式是內部挖潛，就像沃爾瑪一樣，把一顆衛星放到天上，對著全球的幾百家店的物流、倉儲、財務等方面進行集約化的控管，提高了整體公司的運營效率。只有外部擴張市場和內部挖潛這兩種方式，用科技的手段能夠帶來企業新的利潤增長點，給企業帶來高成長。

五、只要賺錢就值得投資

有人認為，有盈利機會的行業就值得關注。然而實際上，有一些機會是生意而不是企業。例如，開家庭裝修公司，做一個電腦維修公司一年可能賺幾十萬，明年還可能增長30%、50%，但這只是一個生意。

這種行業的壁壘非常低，很難形成品牌、管道、網路這些競爭優勢，作為個人創業沒問題，但是作為一個企業行為，確實行業競爭非常的無序，很難將它形成一個規模化經營。以這個角度來說，儘管能賺錢，但它只是一個生意，不是企業，它在投資的價值方面，是需要打一個折扣的。

六、對傳統行業不屑一顧

有人片面的認為，傳統行業是不值得挖掘的，PE追求的就應該是高成長的高科技企業。但是請注意，中國的優勢在於13億的人口，其消費市場非常的龐大。

目前，比起一些發達國家，中國在很多傳統行業上，行業的集中度都是偏低的，還有非常大的發展空間。這種空間有兩種：一是消費的升級、產業升級、二是行業的整合，如果能將這兩個要素挖掘好，實際上傳統行業也有非常好、非常大的一些投資機會。

七、規模就是效益

有人認為，自己去做企業的話，就要把企業做大，等到一有規模，自然就有經濟效益了。

要知道，規模大小不只取決於規模，關鍵在於你有沒有能力、精力要將這麼大的企業管理好。就像管教一個孩子和管教十個孩子是兩回事一樣。一個企業並不是越大就越好，實際來說這是一種藝術的平衡。

八、資本就是一切

有些PE以資本運營代替生產經營，資本本身沒有創造價值，一個企業今天賺錢，稅後利潤1億元，它的股票價格從5元變成10元，甚至到1百元，利潤還是這麼多，沒有創造價值。

資本如果是「毛」，那「皮」就是產業經營，主營業務有盈利能力，資本才能創造出一個財富故事來。否則，企業本身沒有盈利能力、是虧損的話，不管外面再炒，那也只是泡沫、是概念，總有破滅的時候。

九、企業需要的就是資金

有些PE管理者重投資、輕管理。要知道，把錢投進去只是一個開始，「相愛總是簡單，相處太難」，從戀愛到婚姻，這是兩個完全不同屬性的階段。很多PE在這個環節上心理準備不夠，以為錢投進去就是一個美好的開始，有時恰好相反。

投資理財專家張雪奎教授認為，許多時候，企業不僅僅需要資金，更需要的是引進資金的同時，引進高效的管理體制。

十、不問資金的來路

私募基金的錢有時候是向不同投資人募集而來的，有的錢來路正途，有的錢可能介於灰色地帶，如果投資人本身出現一些問題的話，可能麻煩就大了。例如，你現在託管一檔基金，忽然發現它的投資人是廈門遠華的走私案主犯賴昌星，怎麼辦？事情就變得很尷尬。所以在資本募集的環節上，一定要注意資金的來路，要選擇好投資人。

股權投資應注意的問題

一、端正投資態度

「股權投資」如同與他人合夥做生意，追求的是本金的安全和持續、穩定的投資回報，不論投資的公司能否在證券市場上市，只要它能給投資人帶來可觀的投資回報，即是理想的投資對象。

由於公司上市能夠帶來股權價格的大幅上升，一些投資者急功近利的心態使其過於關注「企業上市」的概念，以至於忽略了對企業本身的瞭解，如此就放大了投資風險，也給一些騙子帶來了可乘之機。

事實證明，很多以「海外上市」、「暴利」等名義的投資誘惑，往往以騙局告終。畢竟，能上市的公司總是少數，尋找真正的優質公司才是投資的正道。

二、瞭解自己所投資的公司

要想投資成功，投資者一定要對自己的投資對象有一定程度的瞭解。例如，公司管理人的經營能力、品質，以及能否為股東著想、公司的資產狀況、盈利水準、競爭優勢如何等資訊。

由於大部分投資人的資訊搜集能力有限，因此，投資者最好投資本地的優質企業。投資者可以透過在該企業或在銀行、稅務、工商部門工作的親朋好友對其經營情況進行追蹤、觀察，也可透過一些管道與企業高管進行溝通。

三、要知道控制投資成本

即使是優質公司，如果買入股權價格過高，還是會導致投資回收期過長、投資回報率下降，算不上是一筆好的投資。因此，投資股權時一定要計算好按公司正常盈利水準收回投資成本的時間。正常情況下，時間要控制在10年之內。

但有的投資者在買入股權時，總是拿股權上市後的價格與買入成本比較，很少考慮如果公司不能上市，何時才能收回成本這件事，這種追求暴利的心態往往會使投資風險驟然加大。

四、做到投後管理

根據企業的實際情況和市場需要，採取財務管理、資訊管理等多種方法，注重企業經濟的預測、測算、平衡等，求得管理方法與企業需求的結合。

1. 建立激勵機制

在激勵企業管理者盡力實現投資人財務目標方面，年薪制、企業管理者獎勵制度、優秀企業家評選等都是較為有效的方法。此外，股票期權將企業管理者的個人利益同企業股價表現以及企業的利益緊密地聯繫起來，使企業管理者對個人效用的追求轉化為對企業價值最大化的追求，從而實現了股東的財務目標，因而也是一種行之有效的激勵措施。

2. 建立指標考核體系

企業只有建立以資本增值為核心，包括財務效益狀況、資本運營狀況、償債能力狀況、發展能力狀況等的企業績效評價體制，全面評價企業的經營能力和企業管理者的業績，明確獎懲標準與經營業績掛鉤，以激勵企業管理者維護投資人的利益，實現資本的保值增值。

3. 建立財務監督機制

企業的財務監督機制包括三個層次：一是股東大會對董事會的授權和監督；二是代表股東利益的董事會對企業管理者的監督；三是企業管理者的內部牽制與監督。

建立並健全這三個層次的財務監督體系，具體包括：充分行使股東大會的權利、派出獨立董事、健全企業內部控制制度等。只有做到自上而下的層層監督，才能抑制企業管理者追求個人的欲望，從而確保企業價值最大化的目標。

五、風險防範措施

針對投資人財務風險的特徵，要防範和控制這種風險，必須制定一系列的監督、激勵措施，以約束和激勵企業管理者，使企業管理者自身的財務目標與投資人財務目標趨於一致。

1. 籌資風險防範

對於防範收益風險，企業要在籌資數量上注重選擇合理的資本結構，而對於償債能力風險，企業要從籌資期限上注重長期和短期相互搭配。但是，預防和控制籌資風險的根本途徑是提高資金的使用效益，只有資金使用效益提高了，企業的盈利能力和償債能力才得以加強。那麼，無論企業選擇何種籌資結構、何種籌資期限，都可及時支付借入資金的本息和投資者的投資報酬。

2. 投資風險的防範

長期投資風險的控制，主要透過投資組合來實現。只有進行組合投資，使導致現金流量不確定性的各項因素相互抵銷，才能降低風險，實現增量現金流量。

對於短期投資，可透過存貨專案分析，制定合理的信用政策等來加強存貨轉化為現金的速度，以及加強應收賬款成為現金的轉化，從而提高存量資產的流動性。此外，選擇適宜的長、短期資產的數量結構也是防範投資風險的有效方法。

3. 收益分配風險的防範

收益分配風險的防範要從「現金流入」和「現金流出」兩方面著手：一方面要對現金流入實行控制，另一方面要考慮股利政策的現金流出。兩方面相互結合，達到現金流入與流出相互配合、協調，進而能降低風險。

無商不富，無股權不富

「無商不富」，傳統的「商」最多只能帶來小富，因為傳統商業都是以製造產品、販賣產品、服務來賺當前的錢為特點，如此我們得一天天地去賺、去累積，但是人的生命有限，每天的買賣賺得再多，一輩子就只有這麼多天，還得考慮生病、或節假日等因素。

「無股權不富」，股權價格是未來無限多年的利潤預期的總貼現值，如果一家公司開辦成功了，而且職業化管理也到位，讓公司享有獨立於創始人、大股東的「法人」人格。那麼，這家公司就具有無限多年生存經營下去的光明前景，擁有這家公司的股權，就等於擁有了這種未來無限多年收入流的權利。

當你賣掉這種股權時，等於是在賣出未來無限多年的利潤流的總貼現值，這就是為什麼靠股權賺錢遠比靠傳統商業利潤賺錢來得快、財富規模來得大的原因！

舉例來說，比爾．蓋茲、戴爾、李彥宏、江南春等億萬富翁是多麼地富有，這是這些年談論的最多、也最令人興奮的話題之一，比爾．蓋茲的個人財產就有660多億美元，並且比爾．蓋茲、戴爾是在20幾歲，李彥宏、江南春是在30幾歲就成了億萬富翁。

相較於傳統社會，這些數字普通人連想都不敢想。

2012年，在中國一般城鎮居民的人均可支配收入在1萬8千元左右。那麼，李彥宏94億美元的個人財富就相當於3百多萬城鎮居民一年的可支配收入，而比爾．蓋茲的財富就等於2千2百萬城鎮居民的年收入。不論對傳統社會還是對今天的人來說，這些都是天文數字。

中國前1百名的富翁，沒有一個不是靠原始股權投資而來的，因為投資別人的公司，拿到股權，是最划算的。股權投資投入到實體經濟裡，選的是好企業、好團隊，企業會經營得越來越好，隨著時間的推移，會帶給投資人來確定性的高回報。

舉例如下：

原始股：公司申請上市之前發行的股票。

阿里巴巴：1元原始股＝現在161,422元。

騰訊：1元原始股＝現在14,400元。

百度：1元原始股＝現在1,780元。

可口可樂：巴菲特每年股權分紅達數千萬美元。

股神巴菲特說：「金融業是永遠不落的帝國。」巴菲特一生從來沒有投資過實業，他的財富累積都是透過產權和股權投資來實現的，他終生擁有可口可樂等幾大世界著名企業的股份，身價超過420多億美元。

亞洲首富孫正義花2千萬元美金投資馬雲阿里巴巴的股權，替他自己帶來超過1百億美金的回報，這就是股權投資的財富倍增效應。

2005年8月5日，百度在美國上市，誕生了7名億萬富翁、上百名千萬富翁與數量更多的百萬富翁，他們之中多數在6年前還是學生。

大巴司機魏先生，於20幾年前花1萬港元買了1百股深圳發展銀行的原始股，之後放老家保存，前兩年無意中找到，結果發現股票市值已變成上千萬元。

步步高的老闆段永平，0.8美金認購網易，最後1百多美元拋出。段永平稱自己作為企業家的生命已經結束。因為段永平這幾年在美國做投資賺的錢比他在國內10年做企業賺的錢要多得多，這讓他醒悟到資本增值最快的地方在資本市場，而不是工廠。

紅杉資本的沈南鵬從2003年底至2007年，連續4年有股份退出，分別是：攜程、如家、分眾、易居。他用了1百萬美元賺了80億美元，收益8千倍。他的成功在於把握資本市場最厲害的機制——退出機制。

香港的李兆基被稱為香港股神，也有人稱呼他為「香港巴菲特」。他76歲轉行，近2007年底，這個79歲老人悄悄地對媒體說，他投資資本市場的5百億可能會達到2千億，做得比自己的上市公司還出色。李兆基在短短幾年之內能從樓王變股王，最主要是因為他善於搶先認購潛力原始股。

20世紀90年代末，在中國股民間曾經流傳著一個關於財富的故事：

據說，一位美國老太太於二戰之後購買了5千美元的可口可樂股票，並將股票收藏於箱底。日後，她便逐漸淡忘了此事。

過了50年，她突然從箱底翻出了幾乎遺忘的可口可樂股票，在拋售之後，她竟意外地獲得了5千萬美元的收入。

也就是說在50年之間，可口可樂的股本擴張及股價增值，讓這位幸運的美國老太太獲得了1萬倍的收益。這是一個發生在美國的真實故事。

國家圖書館出版品預行編目資料

敢革命,再創業 / 林偉賢著. -- 初版.
--創見文化出版,采舍國際有限公司發行,2016.7
面;公分. (成功良品 ; 91)
ISBN 978-986-271-688-5(平裝)

1.創業

494.1 105006098

成功良品91

敢革命,再創業

本書採減碳印製流程並使用優質中性紙（Acid & Alkali Free）最符環保需求。

作者／林偉賢
總編輯／歐綾纖
文字編輯／馬加玲 美術設計／蔡億盈

郵撥帳號／50017206 采舍國際有限公司（郵撥購買，請另付一成郵資）
台灣出版中心／新北市中和區中山路2段366巷10號10樓
電話／（02）2248-7896 傳真／（02）2248-7758
ISBN／978-986-271-688-5
出版日期／2016年7月再版3刷

全球華文市場總代理／采舍國際有限公司
地址／新北市中和區中山路2段366巷10號3樓
電話／（02）8245-8786 傳真／（02）8245-8718

全系列書系特約展示
新絲路網路書店
地址／新北市中和區中山路2段366巷10號10樓
電話／（02）8245-9896
網址／www.silkbook.com
創見文化 facebook https://www.facebook.com/successbooks

本書於兩岸之行銷（營銷）活動悉由采舍國際公司圖書行銷部規畫執行。